农药国际贸易与质量管理

申继忠 主编

化学工业出版社
·北京·

本书从国际农药贸易资深专家的角度，在解析《国际农药管理行为守则》的基础上，详细介绍了当前农药国际贸易及其质量管理方面的内容，如国际贸易中农药质量的要求、标准制定与控制，农药质量控制实验室与分析方法的建立，为保证农药质量而采取的防止交叉污染措施、标签与包装规范程序以及药效改进等有效手段。

本书可供农药国际贸易与出口登记人员、农药管理工作者、农药生产与检验人员阅读，也可供大专院校农药、植保等专业师生参考。

图书在版编目（CIP）数据

农药国际贸易与质量管理/申继忠主编．—北京：化学工业出版社，2014.7
ISBN 978-7-122-20592-6

Ⅰ．①农…　Ⅱ．①申…　Ⅲ．①农药-国际贸易-中国②农药-质量管理-中国　Ⅳ．①F752.657.2②S48

中国版本图书馆CIP数据核字（2014）第091688号

责任编辑：刘　军　　　　文字编辑：荣世芳
责任校对：蒋　宇　　　　装帧设计：王晓宇

出版发行：化学工业出版社（北京市东城区青年湖南街13号　邮政编码100011）
印　　刷：北京永鑫印刷有限责任公司
装　　订：三河市万龙印装有限公司
710mm×1000mm　1/16　印张12¾　字数222千字　2014年9月北京第1版第1次印刷

购书咨询：010-64518888（传真：010-64519686）　售后服务：010-64518899
网　　址：http://www.cip.com.cn
凡购买本书，如有缺损质量问题，本社销售中心负责调换。

定　　价：80.00元

前言 FOREWORD

随着中国农药在世界各地销售和使用的不断增加，中国农药产品的质量越来越受到各国政府和用户的关注。一些国家的用户因为过去使用过中国制造的其他低质量商品（比如各种日用品和家电等），因而对中国产的农药质量抱怀疑态度。因为我们的有些产品（尤其是制剂产品）确实还不尽如人意，在多数情况下还不能跟跨国公司的产品相媲美！

保证农药产品的质量是一个复杂的系统工程，既涉及技术层面，又涉及观念和管理层面。从农药国际贸易的角度来看，还涉及国际农药质量管理问题。无论如何，目前确实到了我们采取措施狠抓质量的时候了！作者以为，生产企业不但需要从技术和工厂质量管理两个方面下手做好本企业产品的质量保证工作，同时也需要了解国际农药质量管理的有关知识，遵守相关国际准则。本书就是想通过介绍相关国际组织针对农药质量管理制定的一系列准则、规章或建议，让我国的企业了解相关要求，做到心中有数，进而指导企业做好农药质量管理工作。

全书共分为十章，其中第九章第三节（农药包装材料和包装容器）由上海艾农国际贸易有限公司的王盛国先生倾情编写，其余各章节均由申继忠编写，最后全书由申继忠统稿。

本书的读者对象主要为农药管理工作者、农药生产和检验人员、农药出口登记工作者、出口业务人员以及有关专业的大专院校师生等。

由于作者时间和水平有限，疏漏之处在所难免，敬请读者批评指正。

编者

2014 年元月于北京

目录 CONTENTS

第一章
绪　论

当今世界，农药在作物保护以及各种非农用领域所发挥的巨大作用是不可替代的，也可以说农药与人类生活息息相关。但是农药作为一类特殊的化学品，由于它们对生物体具有很强的生理活性，因此不适当地使用农药会给人类健康和环境带来风险。要克服农药可能产生的不利影响，不使用农药是不现实的，只有保证科学地使用合格的农药产品才是唯一的出路。保证农药产品合格并指导用户科学使用农药是农药生产企业（包括农药流通部门）不可推卸的责任。合格的产品是前提，没有高质量或没有合格的产品，科学使用就是缘木求鱼。因此避免劣质农药上市，保证农药市场上的农药质量才是最根本的。这是因为劣质农药不但达不到防治农业病虫害和卫生害物的目的，还可能造成各种不利影响，这些不利影响主要有：

① 有害杂质超标会增加对使用者、作物、食品消费者以及环境造成危害的风险。

② 产品中存在的不溶物颗粒可能堵塞喷嘴和/或滤网，耽误作业，还可能增加使用者对农药有效成分的暴露机会。

③ 颗粒状产品如果颗粒太脆弱，使用者在操作和使用过程中会吸入细尘，从而增加使用者对农药有效成分的暴露风险。

④ 悬浮性或分散性差会导致有效成分在喷桶中的不均匀分布和喷洒后的不均匀覆盖。

⑤ 长效杀虫蚊帐中杀虫剂的持留性/移动性不符合要求时，可能会在多次连续洗涤后降低对使用者的保护作用。

⑥ 如果劣质农药导致差的防效，使用者会增加用量或使用次数，无意间增加了农药的其他风险。

⑦ 使用者可能会向环境中倾倒劣质农药产品，这可能会影响野生生物和饮用水。

⑧ 劣质农药的生物选择性可能受到影响。

⑨ 任何上述结果通常会对农药产品的市场价值产生负面影响，其登记也可能被撤销或被限制。

因此，保证农药产品质量无论对于农药生产者、销售者、使用者，还是对于野生生物和环境都是非常重要的。

虽然世界上绝大多数国家都采用了农药登记管理措施来保证农药产品质量和农药科学使用，但是假冒农药、劣质农药泛滥仍然是农药市场上的突出问题。中国是农药生产和使用大国，国内市场上的农药产品合格率也不能令人满意。据2011年中国代表在JMPS年会上的报告，中国已经制定了136个农药国家标准和 115 个农药行业标准。每年从市场抽查 10000 个样品进行质量检验，2011 年的检测合格率为也只有 86.2%。

唐淑军 2010 报道了 2006—2009 年从国内市场上抽查的农药质量情况，标签合格率和有效成分合格率结果分别见表 1-1 和表 1-2。

表 1-1 2006—2009 年有效成分抽检合格率

年份	抽检样品数	有效成分含量不合格样品数/个	添加未登记农药成分样品数/个	总不合格数/个	不合格率/%
2006	19	6	4	6	31.6
2007	19	7	5	8	42.1
2008	29	10	7	14	48.3
2009	16	6	8	9	56.3
小计	83	29	24	37	44.6

表 1-2 2006—2009 年标签抽查合格率

年份	抽检样品数/个	合格数/个	合格率/%
2006	45	26	57.8
2007	50	30	60.0
2008	50	33	66.0
2009	48	39	81.3

农业部办公厅通报了 2012 年第一次农药监督抽查情况。本次抽查共检测农药样品 1561 个，检查农药标签 1662 个，结果显示，农药样品合格率为 91.0%，产品标签合格率为 84.6%。本次抽查由北京等 30 个省（自治区、直辖市）及新疆生产建设兵团农业行政主管部门组织完成，涉及蔬菜、果树、茶树、水稻、小麦、玉米、棉花、大豆等作物用药，其中杀虫剂 871 个，合格率为 88.1%；杀菌剂 375 个，合格率为 92.5%；除草剂 302 个，合格率为 97.0%。在 141 个不合格样品中，未检出标明有效成分（或其中一种有效成分）的 56 个，占不合格总数的 39.7%。有效成分含量不足的 73 个，占不合格总数的 51.8%，其中一种或总有效成分含量低于标准规定含量 50%的 28 个，占有效成分含量不足总数的 38.4%；检出其他未登记农药成分的 41 个，占不合格总数的 29.1%，其中添加高毒农药的 11 个。从以上调查结果可见，我国农药质量水平上还不能令人满意。

据 FAO 和 WHO 估计，在发展中国家销售的农药有 30%是不合格产品（这一结论与我国实际接近）。同样在发达国家，受检农药质量低下的在比利时占 25%，英国占 12%，德国占 17%。

表 1-3 是 FAO/WHO/CIPAC 2013 年报告的世界各地农药质量检验结果，

可以看出某些国家的农药合格率相当低。

表 1-3 FAO/WHO/CIPAC 2013 年报告的农药质量检验情况

样品来源	检测实验室	检测样品数/个	不合格样品	
			数量/个	所占比例/%
非洲	南非	2489	102	4.1
美洲	阿根廷	1553	47	3.0
	萨尔瓦多	503	16	3.2
	巴拿马	171	3	1.8
亚洲	日本	25	0	0
	中国大陆	4909	567	11.6
	泰国	7268	191	2.6
大洋洲	澳大利亚	10	0	0
欧洲	比利时	276	88	31.9
	捷克	63	21	33.3
	丹麦	50	2	4.0
	德国	277	27	9.7
	希腊	405	3	0.7
	匈牙利	1380	24	1.7
	爱尔兰	162	3	1.9
	意大利	290	1	0.3
	荷兰	14	1	7.1
	罗马尼亚	374	88	23.5
	斯洛伐克	125	4	3.2
	斯洛文尼亚	10	0	0
	西班牙	426	16	3.8
	瑞士	32	8	25.0
	乌克兰	132	7	5.3
	英国	71	10	14.1
总计		21015	1229	5.8

由以上介绍可知，通常我们所说的农药质量主要是指农药产品是否符合国家或国际标准（包括有效成分含量和不同剂型相应的理化指标符合标准要求）。

农药用户希望其所购买的农药产品符合农药生产商声明的质量标准。希望今天购买的农药产品颜色、可流动性、乳化性能等各项性质与昨天购买的产品乃至明天将要购买的产品完全一致，这就是要求产品质量稳定。这看似简单的要求实际则需要很大的努力才能做到。中国出口的农药产品往往不能百分百做到这一点，而经常出现包装、产品颜色和黏度、兑水稀释情况等方面的性质前后不同。原因可能有两个方面：一是同一工厂生产的相同产品品质不稳定，前后差别较大；二是外贸公司出口的产品由于每次采购自不同的工厂而导致产品质量前后不一致。无论是何种原因，都是需要纠正和改进的。

上述的农用药性质是用户容易看见的，客户很容易对产品质量的前后一致性做出判断。但是，农药的药效、农药有效成分之间以及有效成分与包装材料之间的相容性，以及产品的长期稳定性却是用户难以“看见的”，而这些性质最终都影响产品的有效性（即药效）。因此，农药产品在这些方面中任何一方面的缺陷都可能导致重大的经济损失。

农药质量管理的主要目的是保证产品的安全性（对人畜、有益生物以及环境的安全性）和有效性（对目标害物的可靠效用），这是基于这样的假设：即符合标准的农药其安全性和有效性应该得到保证。但是，FAO/WHO在制定农药标准或任何国家在制定其国家标准时，都不要求提供药效资料来证明产品的有效性。这是因为，同一产品在不同的作物和环境条件下效果会不同。也就是说目前的农药标准只能体现农药商品的一个基本属性，即价值，而不能体现其使用价值属性。很显然，农药商品作为防治病虫草害的生产资料，其应有的使用价值（或者称药效）是不容忽略的。我们在农药出口实践中可能都遇到过产品合格（符合质量标准）但是客户反映药效不好甚至根本无效的情况，而作为产品提供者往往又无法解释其原因。目前，我国农药制剂加工水平与跨国公司相比还有很大差距，我们常常是用同一种配方用遍全世界，并没有考虑到作物和使用环境的差别来针对性地开发制剂配方，在产品细分上实际是很粗放的。为此，本书最后一章专门讨论如何保证出口农药产品的使用价值（药效）。

第二章

《国际农药管理行为守则》及其对农药质量的要求

《国际农药管理行为守则》是FAO制定的农药国际贸易的最高守则和总守则，它的很多内容都涉及国际贸易中对农药产品质量管理的要求。

第一节 《国际农药管理行为守则》简介

FAO植物生产和植物保护处（Plant Production and Protection Division，AGP）在其关注的强化可持续生产及降低农药风险（Sustainable Production Intensification and Pesticide Risk Reduction）领域把减少对农药的依赖作为一个重要工作原则。有害生物综合管理（Integrated Pest Management，IPM）计划已经证明在不影响产量或农民收益的前提下，通常可以显著地降低农药的使用量。

防止有害生物的扩散可以挽救作物和降低农药的使用。通过国际植保大会（International Plant Protection Convention）和FAO紧急预防系统（Emergency Prevention System，EMPRES）植物健康计划，AGP协助预防植物虫害和病害的传播。EMPRES植物健康计划包括迁移性害虫和小麦锈病。

降低农药风险是通过明智地选择农药和适当的农药管理实现的。FAO在这方面的重要工作就是推行《国际农药供销与使用行为守则》（现称《国际农药管理行为守则》）的计划和向秘书处提供鹿特丹公约关于农药的内容。其他与AGP有关的工作还有农药残留、农药标准和废弃农药处置等。

一、《国际农药管理行为守则》的产生

新的《国际农药管理行为守则》（英文名称：International Code of Conduct on Pesticides Management）取代了原来的《国际农药供销与使用行为守则》（以下简称《守则》）。《守则》是FAO制定的农药国际贸易的最高守则和总守则。

作为农药生命周期管理的自愿框架，《国际农药供销与使用行为守则》于1985年由粮农组织大会首次通过，并于1989年和2002年两度修订。《守则》一直得到各个国家、政府间组织、私营部门和民间团体的广泛认可。由于《守则》及其作为一项工具的价值得到广泛认可，更多国际组织希望采纳《守则》。因此，《守则》不断更新并符合化学品和农药管理领域的发展方向非常重要。世界卫生组织与联合国环境规划署在《守则》的制定和实施方面合作历史悠久，两个组织都有意让各自的领导机构正式采纳《守则》。为此，《守则》应各方要求进行了一系列修订，旨在加强其应对健康和环境问题的作用。在审议过程中，粮农组织和

世卫组织农药管理专家小组提出了《守则》中需要说明和/或简化、更新或加强的几条内容。新的发展动向和当前的思维模式也要求在《守则》中新增几个条款。

审议过程中吸纳了粮农组织、世卫组织和联合国环境规划署秘书处、粮农组织/世卫组织农药管理联席会议、私营部门、民间团体和独立专家的意见。经过审议，更新之后的《守则》于2012年提交粮农组织农业委员会（农委）第二十三届会议。农委委托主席团决定新一轮，也是最后一轮磋商的模式，希望《守则》的最终稿能够得到粮农组织领导机构批准通过（理事会第一四五届会议和大会第三十八届会议）。

强调保证农药质量的重要性，保证所交易的农药的质量主要是政府和业界的责任。

农委主席团批准了路线图和时间表，粮农组织所有成员与利益相关方在2012年7月和8月进行了全面磋商。45个国家、组织和专家对《守则》修订版提出了意见建议。在整合所有意见并进一步修订的基础之上，2012年10月10日农委主席团与粮农组织/世卫组织农药管理联席会议共同参加的联席会议上，对《守则》修订版进行了讨论。会议推出了《守则》的最新版本，并建议更名为《国际农药管理行为守则》。农委主席团采纳了这一建议。以下内容来自《守则》的最新文本，即《国际农药管理行为守则》。

二、《国际农药管理行为守则》的内容

《国际农药管理行为守则》的主要内容包括12条：第1条，本《守则》的宗旨；第2条，术语和定义；第3条，农药的管理；第4条，农药的检测；第5条，减少健康和环境风险；第6条，监管与技术要求；第7条，供应与使用；第8条，供销与贸易；第9条，信息交流；第10条，标签、包装、储存及处置；第11条，广告；第12条，《守则》的监督与遵守。

三、《国际农药管理行为守则》制定的行为标准

① 鼓励负责任的和为人们普遍接受的贸易惯例。

② 对尚未设立促进国内农药产品审慎、有效使用并处理与其使用有关的潜在风险所需要的农药产品质量和适当管理控制的国家给予协助。

③ 促进减少处理农药方面风险的做法，包括尽量减少对人体和环境的不利影响以及防止因处置不当而意外中毒。

④ 确保农药有效用于提高农业产量和增进人体及动植物健康。

⑤ 采用“生命周期”概念处理与各种农药的开发、管制、生产、管理、包装、标签、供销、搬运、施用、使用和检查，包括注册后活动和处置有关的所有主要方面。

⑥ 旨在促进有害生物综合治理（包括公共保健有害生物寄主的综合治理）。

⑦ 包括提及参与附件 1（与《守则》有关的化学品管理、环境和健康保护、可持续发展及国际贸易领域的国际政策文书）中确定的信息交流和国际协定，尤其是在国际贸易中《对某些有害化学品和农药采用事先知情同意程序的鹿特丹公约》。

第二节 《国际农药管理行为守则》与农药质量管理

《国际农药管理行为守则》（以下简称《守则》）是农药国际贸易的最高原则，如何在农药国际贸易活动中控制农药产品质量是《守则》的最重要内容。下面简单介绍该《守则》中与农药质量控制有关的内容。

一、农药管理

《守则》第三条要求农药业界和贸易商在农药管理方面应遵守以下做法，在尚未建立或无法有效落实适当的监管安排和咨询服务的国家尤应如此。

① 只供应质量合格、包装和标签适合各个特定市场的农药。

② 农药采购商密切合作，严格遵守粮农组织和世卫组织采购和招标程序准则的相关规定。

③ 特别注意农药剂型的选择和介绍、包装及标签，以尽量减少给用户、公众和环境带来的风险。

④ 每一包农药均应充分提供以一种或多种官方语言写就的信息和说明，确保农药得到有效使用，并尽量减少给用户、公众和环境带来的风险。

⑤ 能够提供有效的技术支持，并辅以终端用户层面的全面产品管理，包括建议建立并实施未使用农药、过期农药和空置农药容器的有效管理机制。

⑥ 持续积极关注产品的整个生命周期，不断跟踪主要用途及因产品使用出现的任何问题，以此为据来确定是否需要修改标签、使用说明、包装、剂型或产

品供应。

二、农药检测

《守则》第四条对各方提出了责任要求，其中要求农药业界应该做到：

① 确保以公认的程序和检测方法充分有效地检测每一种农药和农药产品，以便根据使用地区或国家的各种预期用途和条件对其特有的物理、化学或生物属性、功效、表现、最后结果、危害及风险进行充分评价。

② 确保进行的检测符合完备的科学和试验程序，以及良好的实验室操作原则。

③ 向所有拟购买或使用农药国家的政府主管部门提供原始检测报告的副本或概要，供其开展评估。如提供的是翻译文本，应证明翻译内容的准确性。

④ 确保产品的用途、标签及使用说明、包装、安全数据表单、技术文献与广告均如实反映这些科学检测及评估的结果。

⑤ 应某一国家的要求，提供生产产品中任一有效成分、辅料或相关杂质或剂型的分析方法，并提供必要的分析标样。

⑥ 针对参与有关分析工作的技术人员培训提供咨询和协助，配制商应积极支持这项工作。

⑦ 在销售前，至少根据《食品法典》和粮农组织关于良好分析方法和作物残留数据的准则开展残留试验，为确定适当的最大残留限量提供依据。确保以公认的程序和检测方法充分而有效地检测每一种农药和农药产品，以便在使用地区或国家预期的各种使用条件下对其功效、行为、归宿、危害及风险进行充分评价。

三、管理和技术要求

《守则》第六条要求农药业界做到的事情中包括如下与质量有关的几点：

① 对每种产品提供客观的评价资料和必要的支持性数据，包括支持风险评估及风险管理决定所需参考的充足资料。

② 一旦获悉，即尽快向国家监管部门提供可能改变农药监管状况的任何新的或最新信息。

③ 确保在市场上销售农药产品的有效成分及辅料的特性、质量、纯度和组成与在检测、评价并在毒性及环境可接受性方面获得批准的登记农药成分相符。

④ 确保技术等级与配制农药产品符合适用国家标准或粮农组织推荐的农用农药标准，以及世卫组织对于公共健康用途农药的推荐标准。

⑤ 核实供出售的农药的质量和纯度。

⑥ 在出现问题时，自愿采取纠正措施；当有关国家政府提出要求时，协助找到解决问题的办法。

⑦ 向各自国家的政府提供有关农药进口、出口、制造、剂型、质量和数量的清楚简明数据。

四、供销与贸易

《守则》第八条要求农药业界应该做到以下几个方面：

① 采取一切必要措施，确保进入国际贸易的农药至少符合：

a. 相关的国际公约，以及区域、分区域或国家的规章制度。

b. 粮农组织或世卫组织推荐的标准（如果已制定这类标准）。

c. 《全球统一制度》的原则，以及粮农组织和/或世卫组织关于分类和标签的相关准则。

d. 《联合国关于危险货物运输的建议》及与具体运输方式相关的国际组织制定的规则和条例（如国际民用航空组织、国际海事组织、《关于铁路运载危险货物的国际条例》、《关于危险货物道路国际运输的欧洲协议》以及国际航空运输组织）。

② 确保对为出口而生产的农药采用与可比的国内产品相同的质量要求和标准。

③ 确保由子公司生产或配制的农药符合适当的质量要求和标准，这些要求和标准应与所在国和母公司的要求一致。

④ 鼓励进口机构、国家或区域配制商及其各自的贸易组织进行合作，确保公正，保证采用能够减少农药风险的营销与流通手段；并与主管部门进行合作，杜绝行业内的所有违法行为。

⑤ 认识到当某种农药按说明书使用仍对人畜健康和环境带来不可接受的风险时，制造厂商和供销商可能需要召回该种农药，并采取相应行动。

⑥ 努力确保农药由有信誉的贸易商，最好是得到承认的贸易组织的成员进行交易和买卖。

⑦ 确保农药销售所涉人员得到充分培训，持有政府颁发的适当许可（如果有这种许可的话），并且能够获得安全数据表单等足够的信息，使其能够为买方提供有关减少风险和谨慎有效使用的建议。

⑧ 按照国家、分区域或区域要求，提供适合小农、家庭以及其他本地使用者需要的各种包装规格和类型的农药，以减少风险并防止分销商将产品改装到无标签或不适当的容器之中。

⑨ 不得蓄意向未经授权的用户供应特殊用户群体不得使用的限制性农药。

五、标签、包装、储存及处置

《守则》第十条要求农药业界使用的标签应做到：

① 符合登记要求并含有与出售国主管部门意见一致的建议。

② 除以一种或几种适当语言表达的书面说明、警告及注意事项外，凡可能时，应包括适当的标记和图像，以及标志性词汇或危害和风险字眼。

③ 符合国内的标签要求，或者如果缺乏较为具体的国内标准，则要遵守《全球统一制度》、粮农组织/世卫组织的农药标签准则以及其他的相关国际标签要求。

④ 以一种或几种适当的语言列入关于不得重复使用容器的警告以及关于已使用容器安全处置或消毒的说明。

⑤ 以任何人无需借助其他代码参考即可理解的数字或字母标识每一批产品。

⑥ 清楚标明该批产品的发放日期（月份和年度）和有效期（酌情），并包含关于产品储存稳定性的有关信息。

农药业界应与政府合作，确保：

① 农药的包装、储存及处置原则上符合粮农组织、联合国环境规划署、世卫组织的有关准则或条例或其他适用的国际准则。

② 只能在满足安全标准的许可场所进行农药包装或改装，主管部门应确保这些场所的工作人员得到充分的保护以防止毒害，并采取了适当的措施以避免环境污染；另外，最终产品将得到适当的包装并加有适当的标签，所装的农药将符合有关的质量标准。

为了贯彻执行《守则》，FAO 还制定了一系列技术指导文件（technical guidelines）以及工具文件（Tools），而且在 2006 年以后制定的一系列技术指导文件封面上都加入了大标题："国际农药供销与使用行为守则"。被纳入这个大标题下的文件主要有：《Guidelines for Quality Control of Pesticides（2011）》，《Guidance on Pest and Pesticide Management Policy Development（2010）》，《Guidelines for the Registration of Pesticides（2010）》，《Guidelines on Data Requirements for the Registration of Pesticides（2013）》，《Guidelines on Efficacy

Evaluation for the Registration of Plant Protection Products (2006)》, 《Guide lines on Compliance and Enforcement of a Pesticide Regulatory Programme》, 《Guidelines on Pesticide Advertising (2010)》, 《Guidelines on Management Options for Empty Containers (2008)》, 《Guidelines on Prevention and Management of Pesticide Resistance (2012)》, 《Guidelines on Developing a Reporting System for Health and Environmental Incidents Resulting from Exposure to Pesticides (2010)》, 《Guidelines on Monitoring and Observance of the Revised Version of the Code (2006)》等。可以看出这些技术指导文件都是对《守则》中各条内容的深化和具体化。在这些技术指导文件中，有一个是专门关于农药质量控制的指导文件（《Guidelines for Quality Control of Pesticides (2011)》）。该指导文件将在第四章中予以介绍。

第三章

制定农药标准保障产品质量

第一节
农药标准对农药质量的要求

农药标准（Pesticide Specifications），或称“农药规格”，是根据达到田间预期防治效果所需要的质量指标及农药生产厂的生产能力制定的农药质量要求。农药原药（Technical Products）及农药制剂（Formulations）都要制定质量标准。农药标准的内容包括产品理化性质，有效成分含量及其允许变化范围，主要杂质及其含量，产品质量检验方法，检验规则，贮存稳定性，包装及运输要求等。

国际农药标准主要有联合国粮农组织（FAO）和世界卫生组织（WHO）联合制定的农用和卫生用药标准。国内农药标准根据其制定机构和适用范围分为国家标准、行业标准和企业标准等。

农药标准的制定对于农药生产、流通、销售和使用都有重要意义。农药标准是农药生产者追求产品质量的目标之一，不符合标准的产品不能进入市场流通。农药标准在农药商品的流通过程中对产品的包装、运输和贮存起指导作用，在销售过程中作为销售合同的一部分，给买方以质量保证，还可作为权威部门检验市场上流通的商品农药的质量是否符合登记时的质量规定的依据。在农药使用过程中如发生与质量有关的问题时（如药效降低或丧失），农药标准亦可作为判断问题原因的依据之一。此外，农药标准是农药产品取得登记时必须呈报农药登记管理部门的资料之一。

一、JMPS 对农药标准的定义

所谓农药质量标准就是用来区分同样类型产品的质量优劣而制定出来的一系列基本质量指标。农药标准不定义什么是最好的农药产品，也不针对某一特定用途来确定某农药是否适用或是否安全。

虽然 FAO（农用农药）和 WHO（卫生用药）对农药产品质量进行评价，但是保证农药产品的安全性和适用性是各国和各地区农药登记主管部门的责任。

制定农药标准的目的是为了避免劣质农药上市，以保护农民的利益和保护人类健康和环境健康。在农药的国际贸易中，农药标准则还可以起到保护买家利益的作用。

1999 年 12 月，世界卫生组织传媒生物学和传媒控制专家顾问委员会建议联合国粮农组织和世界卫生组织在农药标准方面应该使用相同的术语定义、格式和制订方法。该委员会进一步建议对于同时具有公共卫生用途和农业用途的原药（TC）和母药（TK），世界卫生组织和联合国粮农组织应制订联合标准。2000年5月，联合国粮农组织专家委员会接受了上述建议。

为了推进标准制订工作的协作进程，2001年，世界卫生组织和联合国粮农组织签署了实施建议的谅解备忘录，同意联合国粮农组织和世界卫生组织的专家委员会一起工作。当两个委员会在一起工作时，这两个委员会将作为农药标准联席会议（FAO/WHO Joint Meeting on Pesticides Specifications，JMPS），该委员会第一次正式会议于2002年6月在罗马举行。

只有当有些标准问题不能由农药标准联席会议解决时，上述两个专家委员会才会分别召开会议。

2001年，联合国粮农组织和世界卫生组织广泛散发了《FAO/WHO农药标准制定和使用手册》（以下简称《手册》）的初稿，邀请企业、政府官员和其他有关方面专家提出意见。2002年2月，包括联合国粮农组织和世界卫生组织专家委员会成员和企业技术专家的起草小组在英国约克郡召开会议，审议收到的所有建议并起草供2002年6月农药标准联席会议采纳的手册草案。联合国粮农组织和世界卫生组织的《手册》第一版吸收了公共卫生用农药，包括生物杀幼虫剂制剂的规范。此外，还并入了农业用农药的新规范，同时包括不少1999年后的实践证明非常有必要的程序上的简化。

目前该《手册》第一版已经经过了两次修订，第二次修订版于2010年出版。

二、JMPS农药标准所使用的分析和测试方法

FAO/WHO农药标准要求必须使用被广泛接受的而且经过充分验证的试验方法。试验方法必须简单、直接而且可靠。经过良好训练的技术员和装备适当的实验室是获得可靠分析结果所必需的。对于物理性质测试，必须严格准确地按照试验方法进行，因为物理性质测试结果是由所用的测量方法决定的。

提供测试方法的机构主要有以下几个。

（1）CIPAC（国际农药分析协助委员会，Collaborative International Pesticides Analytical Council）：CIPAC目前提供了用于符合性测试的大部分物理和化学性质测试方法。

（2）AOAC International（Association of Analytical Communities International）：提供农药产品理化性质测试方法。

（3）美国试验与材料协会（ASTM International，即American Society for

Testing and Materials)：也提供农药产品理化性质测试方法。

(4) OECD，USEPA 和 EU：多提供农药有效成分之理化性质的测试方法。这些方法为评价农药标准提供了非常重要的支持信息，但是这些方法不适合符合性测试，因为农药产品标准不涉及农药有效成分的性质。

目前农药国际标准主要来自 FAO（农用）和 WHO（卫生用），FAO 和 WHO 农药标准是国际参考标准。他们的标准制定目前已经采用“新程序”进行。由老的程序制定的标准在没有被更新之前继续有效。

三、JMPS 关于原药、母药和制剂的标准

1. 什么是原药和母药

FAO 将农药原药分为两种，即原药（technical material，TC）和母药（technical concentrate，TK）。

TC 和 TK 没有严格的区别，在下文中有时统称为原药。一般 TC 是指有效成分含量≥900g/kg，在合成过程中将溶剂完全移除，而后没有再加入溶剂的原药。TC 是制备有效成分的最终产品，可能还含有稳定剂和/或抗结块剂或抗静电剂（如果需要的话），但是没有其他添加物。TC 是经济上合算的、可以直接用来生产制剂的最纯净的有效成分。

TK 也是用于生产制剂的有效成分的最终产品，但是他可能含有稳定剂之外的其他添加剂（不是助剂），例如安全剂。TK 还可能含有溶剂（包括水），要么是有意加入的，要么是合成过程中没有被去除的。如果生产 TC 不够经济、不太必要、尤其是毒害太大时、或者容易导致有效成分不稳定时，可以不生产 TC 而生产 TK 便可。

区别 TC 和 TK 的意义如下：TC 的标准对有效成分含量不设上限。增加 TC 的纯度不能明显增加产品整体的毒害性，反而可能降低毒害。TK 的标准对有效成分含量设有上限也设有下限。但是 TK 和 TC 都设定有效成分含量之下限。

FAO 和 WHO 非常鼓励生产更高含量的原药。因为含量从 900g/kg 提高到 990g/kg 不会显著增加原药的毒性（因为含量只提高了 10%），但是这样可以显著减低与各种杂质相关的毒害（一般降低 10 倍）。

之所以设定 TK 的上限是为了保证 TK 的毒害不被显著提高（一般可能超过 10%）。

什么样的原药才是好的原药（TC）或母药（TK）：

① 正确的外观；

② 有效成分含量不低于最低允许含量（TC），或者变化不超过容许范围（TK）；

③ 相关杂质不高于最高允许含量；

④ 可以接受的物理性质（适用的话）。

2. 什么是制剂

制剂是有效成分加助剂（formulants，excipients，inerts）组装成能够将有效成分最好地传递给有害生物，获得最佳活性，使有效成分稳定，最大限度地降低使用者的暴露，并简化使用等目的的产品。

3. 原药和母药的质量标准

在《FAO/WHO农药标准制定和使用手册》中要求原药和母药的标准应包括如下项目：

① 产品描述（description）。

② 有效成分

a. 化学鉴定（identity）。

b. 含量（content）。

③ 相关杂质。

各个项目详述如下。

（1）*产品描述*（description） 此部分内容主要是对原药、母药或制剂的物理外观和化学形式（如盐、酯）做最简单的描述。包括物理状态（如晶体、液体、硬块等）、颜色和气味等，需要时还要说明是否有改性剂的存在，如稳定剂。如果稳定剂的化学本质和含量不是很重要，那么只需要说明稳定剂的存在即可。

判断产品质量是否合格的第一步可以观察外观。如果某产品的外观明显与标准中的描述不符，那么这个产品就不合格，其他进一步的或更昂贵的试验就没有必要进行了。例如，所提交的样品是黏稠的褐色液体，而标准中说明的是白色结晶状固体，那么黏稠液体产品就不符合标准。

如果有溶剂存在，厂家必须保证溶剂与有效成分不能发生化学反应。例如，甲醇就不太适合作为酯类有效成分的溶剂，因为两者之间可能发生转酯化反应。

（2）*鉴定*（identity） 鉴定试验实际上是定性试验，目的是证明原药或母药产品中有效成分是其所声明的化合物。一般要求至少提供两种依据不同分析技术的鉴定试验方法。

如果有效成分是盐或酯或其他衍生物，有可能需要对衍生物组分进行鉴定。只有在特定的盐或其他衍生物形式存在的有效成分对产品稳定性和产品效能非常关键时，才对衍生物进行鉴定。

除非有效成分是明确比例的混合物，否则鉴定方法不再需要外部的验证。对于特定比例的异构体的鉴定必须是定量的而且方法要在实验室间得到验证。

（3）有效成分含量　有效成分含量是原药或母药产品的重要质量指标之一。用来分析有效成分含量的方法必须是经过协助研究而验证的方法，如各种国际组织（CIPAC，AOAC International）提供的分析方法。如果有现成的 FAO/WHO 标准，那么各国主管部门应该采用在 FAO/WHO 标准中的参考方法。

有效成分的含量（适当的化学形式，如游离酸、钠盐、标志物等）应表示为 g/kg 或 g/L（20℃）。

在国际贸易中，原药产品中有效成分的含量不得少于声明含量；而母药和制剂则不同，他们中的有效成分含量都有一个允许变动范围（表 3-1）。

表 3-1　母药和制剂产品中有效成分的允许变动范围

声明的含量/(g/kg 或 g/L)	允许变动范围
≤25	±15%“匀质”产品(如 EC,SC,SL) ±25%“非匀质”产品(如 GR,WG)
>25～≤100	±10%g/kg 或 g/L
>100≤250	±6%g/kg 或 g/L
>250≤500	±5%g/kg 或 g/L
>500	±25g/kg 或 g/L

（4）相关杂质　相关杂质含量是否超标是衡量农药原药和制剂产品质量的重要因素之一。要求使用经过两个或两个以上同行实验室验证的分析方法来分析相关杂质含量。某些相关杂质的分析方法是由 CIPAC 免费提供的，如草甘膦原药中亚硝基草甘膦的分析方法。相关杂质含量应表示为 g/kg 或 g/L（20℃）。相关杂质的最大允许水平一般都是根据有效成分的含量为基础设定的。

在 JMPS 农药标准中把相关杂质分为三大类，即生产和贮存过程中产生的副产物、水和不溶物。

（5）其他项目　一般情况下，原药和母药标准只包括上面几项内容，但是如果需要的话，酸度、碱度或 pH 范围也可能被列为某些特殊原药或母药的质量标准项目，作为“其他项目”。

贮存稳定性不是 TK 或 TC 标准的规定项目，因为厂家通常可以重新纯化已经“老化”的 TK 或 TC。如果 TK 或 TC 被销售给终端用户作为制剂（如某些超低容量制剂，UL）直接使用，那么制剂的标准也适用，而且要求贮存稳定性。

四、制剂的质量标准

1. 在《FAO/WHO 农药标准制定和使用手册》中要求制剂的标准应包括的项目

① 产品描述（description）。

② 有效成分

a. 化学鉴定（identity）。

b. 含量（content）。

③ 杂质/相关杂质。

④ 物理性质。

⑤ 贮存稳定性。

制剂的质量标准与 TC 和 TK 的标准类似，但是还要求说明物理性质和增效剂（适用的话）以及为保证产品安全性和稳定性而必需的添加剂。与 FAO/WHO 不同，各国政府应该控制助剂。为了保证产品安全性和稳定性而必须使用的催吐剂、稳定剂或其他添加剂等，需要在“注释（Note）”中作为参考，“注释”紧随标准之后。如果添加剂的性质和含量非常重要，则需要提供经同行确证的分析方法。使用者在使用农药时加入的桶混助剂不受 FAO/WHO 标准的管制。

FAO/WHO 标准不设置直接控制助剂（惰性组分）或助剂中杂质的项目，因为很多助剂都是复杂的混合物，它们虽然有适当的物理特性，但在组成上会随时间而变化，随地点而变化。而助剂和它们的杂质只能通过产品的物理性质和贮存稳定性而被间接地说明。尽管某些助剂的鉴定和定量在技术上还有难度，各国家的登记主管部门仍可能会对助剂的种类和浓度进行控制。

FAO/WHO 标准通常只涉及单个有效成分的制剂。对于两个或多个有效成分混合的制剂，可以使用混剂中各个有效成分的单剂标准。

2. FAO/WHO 农药制剂标准要求的项目详述

（1）描述性项目　对产品的物理外观和有效成分的化学形式（盐、酯类等）的描述。这里描述的产品外观也是衡量产品是否合格的重要依据。

（2）有效成分的鉴定和含量　有效成分的鉴定可以采用与 TC 和 TK 标准类似的方法，但是可能需要提取（和净化以便鉴定）有效成分的方法；也可能需要鉴定制剂中的反离子等（如果他们对产品稳定性和药效很重要）。测量有效成分含量的分析方法应该是经过国际协助研究验证的方法。

各种国际组织如 CIPAC、AOAC International 精心制定和发布的分析方法都可以采用。适用于某一制剂中某个有效成分的 CIPAC 分析方法也可以被扩展到其他制剂中使用，只需要进行简单的验证。扩大 CIPAC 分析方法的适用范围的要求和程序见 CIPAC 有关文件（CIPAC Guideline：EXTENSION OF THE SCOPE OF METHODS/Flow chart “Extension of scope of methods”），本书另章介绍。

将 FAO/WHO 标准扩展应用到其他厂家的“相同产品”上的要求之一就是要证明在现有的标准中参考的分析方法和试验方法也适用于这个“相同产品”。

在 FAO/WHO 标准存在的情况下，鼓励各国主管部门采用在这些标准中参考的测试有效成分的方法。

FAO/WHO 在制剂标准中给出了有效成分的允许变化范围（表 3-1）。允许变化范围适用于测定结果的平均值，包括了生产、取样、分析等的变异和误差在内。比如取样的差异（统计学上叫取样误差）可以通过加大取样量的措施将其降低至最小，但是太大的取样量增加分析成本，还会隐藏对最终用户很重要的产品变化情况。

（3）相关杂质　制剂的相关杂质指标与 TC 和 TK 一样，但是在制剂标准中不溶物（颗粒物质）和酸度/碱度被作为物理性质对待。而在 TC 和 TK 中被作为相关杂质的组分在有效成分含量很低的制剂中可能不再是相关杂质。比如由于相关杂质的浓度被稀释而低到无法测量的程度时，就不再称为相关杂质。在新的草甘膦原药标准中，亚硝基草甘膦是相关杂质，但是在草甘膦母药的标准中亚硝基草甘膦则不再被称作相关杂质，仅是杂质而已。

相关杂质的限度通常是在有效成分含量的基础上表达的（即把相关杂质的含量表示为相当于有效成分含量的百分浓度等），因为相关杂质的含量与 TC 和 TK 的有效成分含量有关。测定制剂中的相关杂质的分析方法必须是事先经过验证的。各种国际组织（CIPAC，AOAC International）提供的分析方法都是可用的方法。如果有现成的 FAO/WHO 标准，那么各国主管部门应该采用在 FAO/WHO 标准中参考的方法。

（4）物理性质　规定的物理性质是区别产品质量好坏的最低要求。如果有充足的理由，此处的项目和标准也可以与 FAO/WHO 要求的不同。物理性质不能说明田间药效。测定结果依赖于试验方法，因此必须严格准确地按照方法要求进行测试。如果某项物理性质的测试方法尚未被适当地验证和/或发表，那么标准就无法制定。在 FAO/WHO 制剂标准中规定的物理性质是保证产品质量的最低要求，各国主管部门还可以根据产品情况规定更多的物理性质指标或提出更高的要求。

绝大多数的物理性质测试方法都已经在 CIPAC 的支持下得到验证和发表。有几种方法是美国试验与材料协会（ASTM International）、ISO 或欧洲药典标准（European Pharmacopoeia）提供的。还有几个是传统方法，这些方法已经发表，而且主要是通过长期而广泛的使用而得到验证的。为了测定某些不稳定的物理性质（正常的确证程序很难控制的特性），可以使用这些传统方法。在 FAO/WHO 标准存在的情况下，鼓励各国主管部门采用在这些标准中参考的物理测试方法。

（5）贮存稳定性　贮存稳定性性是衡量农药制剂产品的货架寿命的重要指标。一般要求农药制剂产品在正常的条件下贮存于原包装容器中应该至少保持两年的货架寿命（特殊产品可以是 18 个月）。为了明确在不同的贮存条件下的稳定性，一般要求同时进行低温和高温贮存稳定性测试。在寒冷地地区通常需要低温贮存稳定性试验数据。

① 低温贮存稳定性。液体制剂在 0℃下的贮存试验，因为这些制剂可能会在低温下结晶、聚集成块或分层。胶囊悬浮剂还可能需要进行冻-融试验，以便证明胶囊能够抗冻。

② 高温贮存稳定性。所有剂型都要求进行高温贮存试验，目的是模拟在凉爽条件下贮存两年的情况。标准的要求是在（54±2）℃的条件下贮存 14 天。

如果这个温度条件不适合某个产品，则可以选择如下替代条件：45℃贮存 6 周；40℃贮存 8 周；35℃贮存 12 周；30℃贮存 18 周。

根据阿伦尼乌斯方程，这里规定的在不同温度下贮存不同时间都差不多相当于常温贮存两年。

③ 贮存后的质量要求。通常要求贮存后有效成分含量最低应该大于或等于贮存之前含量的 95%。相关杂质的含量在贮存之后可能升高。贮存之后可能使

物理性能变差。

通常要求制剂中有效成分的贮存稳定性大于等于95%，是考虑到分析方法和取样的正常变异（误差），而且必须满足“无明显下降”这个要求。如果遇到有效成分含量经贮存后“明显下降”，而且有正当理由来证明较低限度的合理性，此时必须提供实验数据予以支持。而且必须要保证经贮存后的产品还能够使用(仍有使用价值)。

多数物理性质不会随产品老化而改善，因此持久性泡沫在贮存后不需要测试。正是因为表面活性剂在经过贮存后不会改善，因此持久性泡沫不可能增加。

FAO/WHO农药标准是农药国际贸易合同的依据之一。因此按照FAO/WHO对原药（母药）和制剂的质量标准要求的项目来检测某种产品是否合格就成了农药国际贸易中控制农药产品质量的重要工作。

鉴于FAO/WHO农药标准在农药国际贸易中的重要性，我国农药企业应该参与其制定、修订或原药等同性认定，以提高产品在国际农药市场上的认可程度。

我国企业已经获得了环嗪酮和毒莠啶两个原药产品的等同性认定。据报2012年有关资料报道，中国有8家企业已经申请了卫生用药（6家）和农业用药（2家）的相同产品认定。最近又有两家企业分别加入了2013年度的马拉硫磷原药和溴氰菊酯长效蚊帐的等同性认定或标准修订工作。

原药等同性认定需要提供一系列技术资料，还要对等同性认定工作程序有如了解。为此，农业部药检所已经邀请FAO/WHO有关专家在国内进行过这方面的培训。表3-2给出了制定原药标准和进行等同性认定需要提交的技术资料。

表3-2　FAO/WHO农药原药标准制定和进行等同性认定需要提交的技术资料

资料要求		新标准制定（首家）	相同产品认定
A.1	有效成分鉴定(仅供参考)		
	ISO英文通用名称和现状(尚未被ISO批准的)	是	是
	任何其他通用名称或别名	是	是
	化学名称(IUPAC和CA)	是	是
	CAS编号(每个异构体或异构体混合物)	是	是
	CIPAC编号	是	是
	结构式(包括有效异构体的立体化学结构式)	是	是
	异构体组成(如果有)	是	是
	分子式	是	是
	相对分子质量	是	是

续表

资料要求		新标准制定（首家）	相同产品认定
A.2	有效成分的物理化学性质(包括产生数据所使用的方法和实验条件)		
	对纯有效成分化合物的研究和数据(纯度达到分析纯标准的纯度):蒸气压、熔点、分解温度、水中溶解度、正辛醇-水分配系数、解离特性(适用的话)、水解和光解以及其他降解特性	是	(是)
	对原药的研究和数据要求:熔点(有效成分凝固点高于0℃的)	是	(是)
	原药和纯有效成分在室温下于有机溶剂中的溶解度	是	(是)
A.3	合成路线概要(给出所使用的溶剂和反应条件),属于保密资料	是	是
A.4	有效成分最低含量	是	是
A.5	含量≥1g/kg的杂质的最高生产限量。有5批次分析报告支持。属于保密资料	是	是
A.6	<1g/kg的相关杂质的最高生产限量	是	是
A.7	相关杂质情况,并解释观察到的相关杂质产生的影响(如对毒理学的贡献、对有效成分稳定性的影响等)。提供FAO/WHO农药残留联席会议(JMPR)或其他登记主管机构或组织设定的限量,并指出设定机构和组织名称	是	是
A.8	有意添加到原药中的化合物名称和添加浓度(g/kg),属于保密资料	是	是
A.9	毒理学摘要(包括试验条件和结果)		
A.9.1	TC/TK的六项急性毒性试验方法和结果的摘要资料	是	(是)
A.9.2	TC/TK的亚急性和慢性毒理学资料摘要,如繁殖毒性、遗传毒性、致癌性等。 对等同性认定,还需要提供致突变试验资料(鼠伤寒沙门菌),在等同性认定的第一步就需要	是	(是)
A.9.3	生态毒理学资料(对水生和陆生生物如鱼、藻类、水蚤、鸟类、蜜蜂的生态毒性),视产品用途和产品持久性情况而定	是	否
A.10	其他资料		
A.10.1	WHO毒性分级	是	否
A.10.2	提供JMPR关于毒理学、环境归宿和生态毒理评价资料(如果有的话)	是	否

第二节 JMPS农药标准对不同制剂规定的理化性质指标

由农药工厂通过化学过程生产出来的原药一般难以直接施用，因为它们难以溶于水或难以直接分散到固体载体中。因此农药厂家必须将原药加工成容易施用的各种制剂。所谓制剂就是将原药与其他各种材料如乳化剂、溶剂、分散剂、润湿剂、黏着剂、稳定剂等助剂或添加剂一起经过一定的加工处理而形成的可以直接使用或经水或溶剂等稀释之后再使用的各种混合物。不同类型的制剂被称为剂型。

不同类型的制剂，其物理状态、理化性质和生物学效应也不同，为了保证不同的制剂都能够具备适当的可使用性，FAO/WHO 在其农药标准中针对不同的剂型规定了需要考察的物理性质指标（表 3-3）。这些物理性质是保证各种剂型的农药制剂产品可使用性的最基本要求。如果某种产品不能满足相应物理指标的要求，那么就很难保证这个产品能被有效地传递给靶标生物或被保护作物。

表 3-3 FAO/WHO 建议的不同剂型需要考察的物理性质

农药剂型	物理性质(试验方法)	结果表示
原药(TC,包括原粉和原油)和母药(TK,包括母粉和母油)	酸度和/或碱度(MT191),或 pH 范围(MT75.3)[除特别说明外,以下各种剂型要求该项物理性质的均省略]。还可以有任何其他适用的性质	最高含酸量(以硫酸 g/kg 计)或最高含碱量(以氢氧化钠 g/kg 计)(除特别说明外,以下各种剂型要求该项物理性质均省略)
固体制剂(14 种)		
粉剂(DP)	干筛试验(MT59.1)	保留在 75μm 筛上的残余物量不超过 5%
杆拌种剂(DS)	干筛试验(MT59.1)	没有规定指标
	对种子的黏附百分率(方法在开发中)	
颗粒剂(GR)	松密度(pour density,MT186)	倾注密度和振实密度均用…～…g/mL 表示
	堆密度(tap density,MT186)	
	名义粒径范围(MT58)	通常小颗粒和大颗粒的比例不应超过 1∶4
	粉尘	本质上应该无尘
	抗磨损性(attrition resistance,MT178)	用最低百分数表示
	有效成分释放速率	适用于缓释型颗粒剂
直接适用片剂(DT)	片剂完整性	无破损的片(肉眼观察即可)
	片硬度(方法在开发中)	给出硬度范围
	磨损程度(degree of attrition,MT193)	用最大磨损程度(%)表示

续表

农药剂型	物理性质(试验方法)	结果表示
可湿性粉剂(WP)	湿筛试验(MT185)	在75μm筛上的最大残余物量(%)
	悬浮率(MT15.1,MT177,MT184)	用有效成分最低悬浮百分率(%)表示
	持久性泡沫(MT47.2)	用CIPAC标准水D水稀释后,1min之内出现的最大泡沫量(mL)
	润湿性(MT53.3)	在不搅拌的条件下能完全润湿需要的时间(min)
种子处理用可分散粒剂(WS)	湿筛试验(MT185)	在…μm筛上的最大残余物量(%)
	持久性泡沫(MT47.2)	用CIPAC标准水D水稀释后,…分钟之内出现的最大泡沫量(mL)
	润湿性(MT53.3)	在不搅拌的条件下能完全润湿需要的时间(min)
水分散粒剂(WG)	润湿性(MT53.3)	在不搅拌的条件下能完全润湿需要的时间(min)
	湿筛试验(MT185)	在75μm筛上的最大残余物量(%)
	分散度(degree of dispersion,MT174)	搅拌1min后至少有…%被分散
	悬浮率(MT168,MT184)	在(30±2)℃的CIPAC标准水D中放置30min后悬浮液中有效成分的最低百分率(%)
水分散片剂(WT)	崩解时间(方法在开发中)	全部崩解需要的时间(min),仅适用于泡腾片剂
	湿筛试验(MT185)	在75μm筛上的最大残余物量(%)
	悬浮率(MT168,MT184)	在(30±2)℃的CIPAC标准水D中放置30min后悬浮液中有效成分的最低百分率(%)
	持久性泡沫(MT47.2)	用CIPAC标准水D水稀释后,1min之内出现的最大泡沫量(mL)
	片剂完整性	无破损片
	磨损率(MT193)	最大磨损率(%)
乳粒剂(EG)	润湿性(MT53.3)	在不搅拌的条件下能完全润湿需要的时间(min)
	分散稳定性(MT180)	用CIPAC标准水A和D进行初分散和再分散后出现的沉淀物和浮油(膏)的最大体积(mL)
	湿筛试验(MT185)	在75μm筛上的最大残余物量(%)
	粉尘(MT171)	应基本无粉尘
	抗磨损性(MT178.2)	最低抗磨损能力(%)
	持久性泡沫(MT47.2)	用CIPAC标准水D水稀释后,1min之内出现的最大泡沫量(mL)
乳粉(EP)	润湿性(MT53.3)	在不搅拌的条件下能完全润湿需要的时间(min)
	分散稳定性(MT180)	用CIPAC标准水A和D进行初分散和再分散后出现的沉淀物和浮油(膏)的最大体积(mL)

续表

农药剂型	物理性质(试验方法)	结果表示
乳粉(EP)	湿筛试验(MT185)	在75μm筛上的最大残余物量(%)
	持久性泡沫(MT47.2)	用CIPAC标准水D水稀释后,1min之内出现的最大泡沫量(mL)
可溶粉剂(SP)	润湿性(MT53.3)	在不搅拌的条件下能完全润湿需要的时间(min)
	溶解度和溶液稳定性(MT179)	在(30±2)℃的CIPAC标准水D中溶解后,5min和18h之内残留在75μm筛上的最大量(%)
	持久性泡沫(MT47.2)	用CIPAC标准水D水稀释后,…分钟之内出现的最大泡沫量(mL)
种子处理可溶粉(SS)	溶解度和溶液稳定性(MT179)	在(30±2)℃的CIPAC标准水D中溶解后,5min和18h之内残留在75μm筛上的最大量(%)
	持久性泡沫(MT47.2)	用CIPAC标准水D水稀释后,…分钟之内出现的最大泡沫量(mL)
可溶粒剂(SG)	溶解度和溶液稳定性(MT179)	在(30±2)℃的CIPAC标准水D中溶解后,5min和18h之内残留在75μm筛上的最大量(%)
	持久性泡沫(MT47.2)	用CIPAC标准水D水稀释后,1min之内出现的最大泡沫量(mL)
	粉尘(MT171)	应无粉尘
	抗磨损性(MT178.2)	最低抗磨损能力(%)
	流动性(MT172)	将试筛跌落20次,最少应有…%能通过5mm的试筛
可溶片剂(ST)	崩解时间(方法开发中)	仅适用于泡腾片剂。用完全崩解需要的最长时间(min)
	溶解度和溶液稳定性(MT179)	在(30±2)℃的CIPAC标准水D中溶解后,5min和18h之内残留在75μm筛上的最大量(%)
	湿筛试验(MT185)	在75μm筛上的最大残余物量(%)
	持久性泡沫(MT47.2)	用CIPAC标准水D水稀释后,1min之内出现的最大泡沫量(mL)
	片剂完整性	无破损片
	磨损程度(MT193)	最大磨损率(%)
液体制剂(17种)		
可溶液剂(SL)	溶液稳定性(MT41)	本品在54℃稳定性试验后,用CIPAC标准水D稀释,在(30±2)℃水浴中放置18h,将产生透明或乳白色的溶液,无可见的悬浮物和沉淀物,如稍有可见沉淀或颗粒产生,应能完全通过45μm筛目试验
	持久性泡沫(MT47.2)	用CIPAC标准水D水稀释后,1min之内出现的最大泡沫量(mL)

续表

<table>
<tr><th>农药剂型</th><th>物理性质(试验方法)</th><th colspan="2">结 果 表 示</th></tr>
<tr><td>种子处理液剂(LS)</td><td>溶液稳定性(MT41)</td><td colspan="2">本品在54℃稳定性试验后,用CIPAC标准水D稀释,在(30±2)℃水浴中放置18h,将产生透明或乳白色的溶液,无可见的悬浮物和沉淀物,如稍有可见沉淀或颗粒产生,应能完全通过45μm筛目试验</td></tr>
<tr><td>油溶液剂(OL)</td><td>与烃类油相混性(MT23)</td><td colspan="2">样品应与合适的烃类油相混</td></tr>
<tr><td>超低容量液剂(UL)</td><td>黏度(MT192)</td><td colspan="2">给出黏度范围</td></tr>
<tr><td rowspan="5">乳油(EC)</td><td rowspan="4">乳液稳定性和再乳化性能(MT36.1.1,MT36.3或MT183)。MT183是仪器测定法</td><td>稀释后时间</td><td>稳定性要求(MT36.1,MT36.3)</td></tr>
<tr><td>
0h
0.5h
2.0h

24h
24.5h</td><td>初乳化完全
乳膏:mL(最多)
乳膏:mL(最多)
浮油:mL(最多)
完全再乳化
乳膏:mL(最多)
浮油:mL(最多)</td></tr>
<tr><td>稀释后时间</td><td>稳定性要求(MT183)</td></tr>
<tr><td>2min
7～32min</td><td>AC读数最大值
7～32min AC读数无明显变化(无明显增加、下降或波动)注:采用MT183在大多数情况下AC初始读数<1</td></tr>
<tr><td>持久性泡沫(MT47.2)</td><td colspan="2">用稀释10s后的最大泡沫量(mL)或若干分钟后的最大泡沫量(mL)表示</td></tr>
<tr><td rowspan="3">可分散液剂(DC)</td><td>分散稳定性(MT180)</td><td colspan="2">用本品在(30±2)℃的CIPAC标准水A和D中稀释1h后产生的油膏或浮油以及沉淀物的最大体积表示</td></tr>
<tr><td>湿筛试验(MT185)</td><td colspan="2">按规定的比例稀释后,留在…μm筛上的最大量…g/kg</td></tr>
<tr><td>持久性泡沫(MT47.2)</td><td colspan="2">用稀释10s后的最大泡沫量(mL)或若干分钟后的最大泡沫量(mL)表示</td></tr>
<tr><td rowspan="3">水乳剂(EW)</td><td>可倾倒性(MT148.1)</td><td colspan="2">用最大残余百分数表示(%)</td></tr>
<tr><td>持久性泡沫(MT47.2)</td><td colspan="2">稀释后1分钟内形成的最大泡沫量(mL)</td></tr>
<tr><td>乳液稳定性和再乳化性能(MT36.1.1,MT36.3或MT183)。MT183是仪器测定法</td><td colspan="2">见“乳油”部分</td></tr>
</table>

续表

农药剂型	物理性质(试验方法)	结　果　表　示
种子处理乳剂(ES)	用水稀释乳液稳定性(方法待定)	
	持久性泡沫(MT47.2)	稀释后1分钟内形成的最大泡沫量(mL)
微乳剂(ME)	持久性泡沫(MT47.2)	稀释后1分钟内形成的最大泡沫量(mL)
	乳液稳定性和再乳化性能(MT36.1.1,MT36.3或MT183)。MT183是仪器测定法	见“乳油”部分
悬浮剂(SC)	倾倒性(MT148.1)	用最大残余物(%)表示
	自发分散性(MT160)	用(30±2)℃的CIPAC标准水D配制成悬浮液,并在此温度下放置5min后,有效成分处于悬浮状态的百分比(%)
	悬浮率(MT184)	用(30±2)℃的CIPAC标准水D配制成悬浮液,并在此温度下放置30min后,有效成分处于悬浮状态的百分比(%)
	湿筛试验(MT185)	按规定的比例稀释后,留在…μm筛上的最大量…g/kg
	持久性泡沫(MT47.2)	稀释后1min内形成的最大泡沫量(mL)
	粒径分布(MT187)	在某一粒径范围的颗粒应占的百分比(%)
	黏度(MT192)	黏度应在某一范围内
种子处理悬浮剂(FS)	倾倒性(MT148.1)	用最大残余物(%)表示
	湿筛试验(MT185)	按规定的比例稀释后,留在…μm筛上的最大量…g/kg
	持久性泡沫(MT47.2)	稀释后1min内形成的最大泡沫量(mL)
	悬浮率(MT184)	用(30±2)℃的CIPAC标准水D配制成悬浮液,并在此温度下放置30min后,有效成分处于悬浮状态的百分比(%)
	粒径分布(MT187)	在某一粒径范围的颗粒应占的百分比(%)
	黏度(MT192)	黏度应在某一范围内
微囊悬浮剂(CS)	倾倒性(MT148.1)	用最大残余物(%)表示
	自发分散性(MT160)	用(30±2)℃的CIPAC标准水D配制成悬浮液,并在此温度下放置5min后,有效成分处于悬浮状态的百分比(%)

续表

<table>
<tr><th>农药剂型</th><th>物理性质(试验方法)</th><th colspan="2">结 果 表 示</th></tr>
<tr><td rowspan="5">微囊悬浮剂(CS)</td><td>悬浮率(MT184)</td><td colspan="2">用(30±2)℃的CIPAC标准水D配制成悬浮液，并在此温度下放置30min后，有效成分处于悬浮状态的百分比(%)</td></tr>
<tr><td>湿筛试验(MT185)</td><td colspan="2">按规定的比例稀释后，留在…μm筛上的最大量…g/kg</td></tr>
<tr><td>持久性泡沫(MT47.2)</td><td colspan="2">稀释后1min内形成的最大泡沫量(mL)</td></tr>
<tr><td>粒径分布(MT187)</td><td colspan="2">在某一粒径范围的颗粒应占的百分比(%)</td></tr>
<tr><td>黏度(MT192)</td><td colspan="2">黏度应在某一范围内</td></tr>
<tr><td rowspan="7">油悬浮剂(OD)</td><td>倾倒性(MT148.1)</td><td colspan="2">用最大残余物(%)表示</td></tr>
<tr><td rowspan="2">分散稳定性(MT180)</td><td>分散后放置时间</td><td>稳定性指标</td></tr>
<tr><td>0h
0.5h
2.0h

24h
24.5h</td><td>初乳化完全
乳膏:mL(最多)
浮油:mL(最多)
沉淀:mL(最多)
完全再乳化
乳膏:mL(最多)
浮油:mL(最多)
沉淀:mL(最多)</td></tr>
<tr><td>湿筛试验(MT185)</td><td colspan="2">按规定的比例稀释后，留在…μm筛上的最大量…g/kg</td></tr>
<tr><td>持久性泡沫(MT47.2)</td><td colspan="2">稀释后1min内形成的最大泡沫量(mL)</td></tr>
<tr><td>粒径分布(MT187)</td><td colspan="2">在某一粒径范围的颗粒应占的百分比(%)</td></tr>
<tr><td>黏度(MT192)</td><td colspan="2">黏度应在某一范围内</td></tr>
<tr><td colspan="4">多特性的液体制剂</td></tr>
<tr><td colspan="2">悬浮乳剂(SE)</td><td colspan="2">与OD相同</td></tr>
<tr><td colspan="2">微囊悬浮剂(CS)与悬浮剂(SC)的混合制剂(ZC)</td><td colspan="2">粒径分布、可倾倒性、黏度、自发分散性、悬浮率、湿筛试验、持久性泡沫</td></tr>
<tr><td colspan="2">微囊悬浮剂(CS)与水乳剂(EW)的混合制剂(ZW)</td><td colspan="2">粒径分布、可倾倒性、黏度、分散稳定性(同OD)、湿筛试验、持久性泡沫</td></tr>
<tr><td colspan="2">微囊悬浮剂(CS)与悬浮乳剂(SE)的混合制剂(ZE)</td><td colspan="2">同ZW</td></tr>
<tr><td colspan="4">各种防治装置</td></tr>
</table>

续表

农药剂型	物理性质(试验方法)	结果表示
蚊香(MC)	蚊香盘平均质量(克)	当测定20个单盘质量时,盘平均质量不应超出标明值的±10%范围
	燃烧时间	测定5个单盘蚊香,将其置于不通风的空气中连续燃烧,平均燃烧时间应不低于标明值
	盘强度	测定20个单盘,每一个单盘都应能承受至少120g的负重而不断裂
	"双盘"分离度	如果是"双盘"式的蚊香,应便于分开。当测定50对"双盘"式蚊香时,断裂的蚊香数不能多于3对
电热蚊香片(MV)	蚊香片尺寸(大小)	要求与相应加热器的尺寸匹配
	挥发速率	将蚊香片放入适宜的加热器中加热4h,残余的有效成分含量不低于标明值的20%
电热蚊香液(LV)	筒或瓶	a. 应由适宜的耐热材料制成;b. 其形状和大小应适合于所用的加热器;c. 用瓶塞牢固地固定药芯,并配有瓶盖以防止筒或瓶打翻时药液的溢出;d. 应有保护儿童的瓶盖
	药芯	a. 应由适宜的多孔耐热材料制成;b. 当在一头加热时,应提取足够的杀虫药液,挥发出消灭蚊子的适宜量;c. 芯的材料和设计应能够接触到瓶中的药液并使之挥发尽
	挥发速率	药芯和筒或瓶的设计和结构,应能使杀虫剂从加热的药芯一端以一个常数或接近于一个常数的速率挥发,即有效成分在最低持效期内的挥发速率尽可能是一个常数
	最低持效期	应标明最低持效期。筒或瓶应装有足够的药液以确保产品高于最低持效期的使用
气雾剂(AE)	制剂的净含量	应标明最小的净含量(kg),实际测定的平均净含量应不低于标明值
	内部压力	标签中应标明罐的最大承受压力,在(30±2)℃测量时,内压力应不超过最大承受压力的××%
	喷射速率	满罐的喷射速率应在…g/s至…g/s的范围内
	pH范围	pH应在…至…
	气雾剂阀门的堵塞试验	当气雾剂阀门依照规定的方法或其他可接受的方法进行测定时,应不发生堵塞

续表

农药剂型	物理性质(试验方法)	结果表示
长效杀虫蚊帐或网(LN)	网孔尺寸	当用指定的方法计数时,每平方米网上完整孔数不得低于某数值,最低数值不得少于某个数值
	网尺寸的空间稳定性(洗涤的影响)	网孔因洗涤而发生收缩或膨胀的比例不超过5%
	破裂强度(bursting strength)	网纤维的破裂强度必须声明(一般不低于250kPa),测定结果不得低于声明值
微生物农药		
细菌杀虫剂母药(TK)	pH范围(MT75.3)	
杀虫细菌可湿性粉剂(WP)	pH范围(WHO test method M25,CIPAC MT75.3)	
	持久性泡沫(MT47.2)	1min后,泡沫量不应超过…mL
	湿筛试验(MT185)	留在…μm试验筛上的试样最多不超过…%
	悬浮率(MT184)	用(30±2)℃的CIPAC标准水D配制成悬浮液,并在此温度下放置30min后,至少应有…%处于悬浮状态
	润湿性(MT53.3)	在不搅拌下,制剂应在…min内完全润湿
杀虫细菌可分散粒剂(WG)	与杀虫细菌可湿性粉剂相同的项目:pH范围,持久性泡沫,湿筛试验,润湿性,悬浮率	
	分散性(MT174)	在(30±2)℃的CIPAC标准硬水D中5min后,至少应有…%产品在悬浮状态
	粉尘(MT171)	应基本无粉尘
杀虫细菌可分散片剂(WT)	与杀虫细菌可湿性粉剂相同的项目:pH范围,持久性泡沫,湿筛试验,悬浮率	
	片剂完整性	无破损的药片。最大破损度:…%(松散包装片剂);最大破损度:…%(紧密包装片剂)
	崩解时间	全部崩解,最多需要时间为…min
杀虫细菌悬浮剂(SC)	与杀虫细菌可湿性粉剂相同的项目:pH范围,持久性泡沫,湿筛试验,悬浮率	
	分散性(MT160)	在(30±2)℃的CIPAC标准硬水D中5min后,至少应有…%在悬浮状态
	可倾倒性(流动性,MT148.1)	最多残留…%

FAO/WHO农药标准制定手册还针对不同的物理性质推荐了标准的测试方法，并给出了建议的指标（表3-4）。

我国在《农药产品标准编写规范》（HG/T 2467.1～2467.20）中也对不同类型农药制剂的物理性质做出了相应的规定，这些规定是在直接采用或参考了FAO/WHO农药标准的相关规定的基础上做出的（表3-5）。

表 3-4 FAO 建议的农药制剂物理性质测试方法及指标

（根据 2010 年第二次修订稿及其补充修改文件改编）

项 目	适用剂型和测试方法	建 议 指 标
密度性质		
松密度[Bulk(pour,tap)density]	适用于粉状和颗粒状材料。 MT33 tap density for powders(以后的新制标准不再使用) MT58.4 apparent density after compaction without pressure,for granules MT169 tap density of WG(以后的新制标准不再使用) MT159 pour and tap density of granule materials(以后的新制标准不再使用)	—
表面性质		
润湿性(wettablity)	适用于所有分散或溶解到水中的制剂 MT53.3 可湿性粉剂的润湿性测定	不超过 1min
持久起泡性(persistent foam)	适用于所有需要加水稀释后使用的制剂 经 CIAPC 同意,此法也可应用于 WP,EC,WG 等。除了可溶袋之外,其他制剂经热储后不需要测定此项性质 MT47.2 测定悬浮剂泡沫量	一般不超过 60mL(1min 之后)
挥发性质		
挥发性	适用于 UL(ultra low volume liquids)制剂,无推荐方法	依赖于所采用方法
颗粒、碎片和黏着性(particulate/fragmentation/adhesion)		
湿筛试验(wet sieve test)	适用于 WP,SC、FS 和 OD,WG,CS,DC,WS,SE,ST 和 SW,EG 和 EP MT59.3 湿筛试验(以后制定的新制标准不再使用) MT182 用循环水湿筛试验 MT167 水分散粒剂在水中分散后的湿筛试验 MT185 湿筛试验,首选方法,是 MT59.3 和 MT167 的修订版	合适的描述语和数值可以是:最多有 2%残余在 75μm 试筛上

续表

项目	适用剂型和测试方法	建议指标
干筛试验(dry sieve test)	适用于制剂使用的粉状和颗粒状制剂 MT59.1 粉剂(以后新制定的标准不再使用) MT58 颗粒剂(以后新制定的标准不再使用) MT170 水分散粒剂的干筛试验	不能给出通用指标
粒径范围(nominal size range)	适用于颗粒剂 MT59.2(MT58)筛析试验(以后新制定的标准不再使用) MT170 水分散粒剂的干筛试验	在名义粒径范围内的颗粒不少于85%
粉尘(dustiness)	适用于 GR,WG,EG 和 SG MT171 粒剂的粉尘	重量分析法所收集的粉尘量不能超过 30mg 或者光学分析方法最大粉尘系数不超过 25
抗磨损性(attrition resistance or degree of attrition)	适用于颗粒制剂(GR,WG,SG 和 EG)和片剂类(DT,WT,ST) MT178 抗磨损性(GR) MT178.2 水分散型颗粒剂(WG,SG,EG)的抗磨性 MT193 片剂的抗磨性	无法给出通用指标
片剂完整性(tablet integrity)	片剂(DT,ST 和 WT) 视觉观察法	在盛装多片产品的包装中没有碎片
对种子的黏着性(adhesion to seeds)	适用于所有的种子处理剂 MT194 对被处理种子的黏着性 MT83 粉状制剂对种子的黏着性(以后新制定的标准不再使用)	不能给出通用指标
片剂硬度(tablet hardness)	片剂在使用之前或使用过程中不能崩解。目前尚无适当的测试方法	视产品而定
分散性质(dispersion properties)		
分散度和自发分散性(dispersibility and spontaneity of dispersion)	适用于 SC,CS 和 WG MT160 悬浮剂的自发分散性 MT174 水分散粒剂的分散性	对 SC、CS 和 WG,通常要求至少有 60%的有效成分在悬浮液中

续表

项　目	适用剂型和测试方法	建 议 指 标
崩解时间和分散/溶解度(disintegration time and degree of dispersion/dissolution)	适用于水溶性片剂(ST)和水分散片剂(WT) 测试方法在开发中	整片崩解时间最多为…秒(分钟)
悬浮率(suspensibility)	适用于 WP,SC,CS 和 WG MT15.1 可湿性粉剂的悬浮率(以后的新制标准不再使用) MT161 水基悬浮剂的悬浮率(以后的新制标准不再使用) MT168 水分散粒剂的悬浮率(以后的新制标准不再使用) MT177 水分散粉剂悬浮率(简化方法)(以后的新制标准不再使用) MT184 在水中稀释后形成悬浮液的制剂的悬浮率(是 MT15,MT161 和 MT168 的协调方法)	对 WP、SC 和 WG 通常要求有效成分悬浮率不低于 60%
分散稳定性(dispersion stability)	适用于悬乳剂(SE)、乳粒剂(EG)、乳粉(EP)、分散乳剂(DC)和油基悬浮剂(OD) MT180 悬乳剂的分散稳定性	要求在(25 ± 5)℃ 条件下在 CIPAC 标准水 A 和 D 中,能够继续符合下面的指标: 分散液静置时间 / 稳定性要求 0h　初分散完全 0.5h　"乳膏",最多:…mL 　"浮油",最多:…mL 　沉淀,最多:…mL 24h　再分散完全 24.5h　"乳膏",最多:…mL 　"浮油",最多:…mL 　沉淀,最多:…mL

续表

项　目	适用剂型和测试方法	建 议 指 标
乳液稳定性和再乳化性能(emulsion stability and re-emulsification)	适用于乳油(EC)、水乳剂(EW)、种子处理乳液(ES)和微乳剂(ME) MT36.1.1 乳油的乳液性质,5%(体积分数)油相稀释液-手摇 MT36.3 乳油的乳液性质 MT183 用于测试稀释乳液稳定性的农用乳液测试装置	制剂在(30±2)℃(除非有别的温度要求)下用 CIPAC 标准水 A 和 D 稀释后要符合乳油乳液稳定性指标要求(见表 3-3:乳油)
流动性(flow properties)		
流动性(flowability)	适用于水分散粒剂(WG)和水溶性粒剂(SG) MT172.1 在加压下加速储存后颗粒制剂的流动性	无法给出通用指标
可倾倒性(pourability)	适用于悬浮剂(SC,FS 和 OD)、水性胶囊悬浮剂(CS)、悬乳剂(SE)和类似的黏性制剂,也可使用于在溶液状中的制剂如可溶液剂(SL)和乳油(EC) MT148.1 悬浮剂的可倾倒性(修订版)	最大"残留"5%
黏度(viscosity)	超低容量剂(UL) MT192 旋转黏度计测量液体黏度 MT22 动态黏度测定方法(适用于牛顿流体)	视产品而定
溶液和溶解度性质(solution and dissolution properties)		
酸度/碱度琥珀 pH 值范围(acidity and/or alkalinity or pH range)	适用于当存在过量酸或碱时能够导致不利反应的任何制剂 MT31 游离酸或碱的测定 MT191 制剂的酸度或碱度测定,首选的酸度或碱度测定方法 MT75.3 测定水溶液或稀释的水溶液的 pH 值	无法给出通用指标
与烃油的混溶性(miscibility with hydrocarbon oil)	适用于任何需要用油稀释后使用的制剂(如 OL) MT23 与烃油的可混合性	无法给出通用指标

续表

项　目	适用剂型和测试方法	建议指标
水溶性袋的溶解性(dissolution of water soluble bags)	适用于包装在可溶性袋中的所有制剂 MT176 水溶性袋的溶解性	合适的数据可以是 30s
溶解度和/或溶液稳定性(degree of dissolution and/or solution stability)	所有水溶性制剂的质量指标 MT179 溶解度和溶液稳定性 MT41.1 所有水溶液的稀释稳定性	最多 2%留在 75μm 试筛上
冷储稳定性(storage stability-Stability at 0℃)	液体制剂的质量指标 MT39.3 液体制剂在 0℃ 的储存稳定性	在(0±2)℃下储存 7 天，制剂必须仍然符合初分散、乳液或悬浮液稳定性、湿筛试验等指标的要求。通常允许析出的固体或液体的最大体积不超过 0.3mL
热储稳定性(stability at elevated temperature)	所有剂型的指标 MT46.3 加速储存试验程序(MT46.3 不适用于微生物农药制剂)	在(54±2)℃储存 14 天，制剂仍然符合对有效成分含量、相关杂质含量、颗粒物和分散性等指标的要求。平均有效成分含量不低于储存前的 95%，物理性质的改变程度不足以对产品的使用性能和/或安全性造成不利影响。在不适合或不打算应用于炎热气候条件并容易受到高温影响的制剂，试验条件可做相应改变。对可溶性袋装的产品，避免 50℃以上的高温储存试验是有必要的，也适用于某些家用杀虫剂，比如气雾剂(AE)。可替代的热储温度有：(50±2)℃储存 4 周；(45±2)℃储存 6 周；(40±2)℃储存 8 周；(35±2)℃储存 12 周或(30±2)℃储存 18 周

表 3-5 中国《农药产品标准编写规范》（HG/T 2467.1～2467.20）对 20 种不同剂型的物理性质（质量指标）要求

剂 型	质 量 指 标
原药	有效成分、相关杂质、固体不溶物、水分、酸度（以硫酸计）或碱度（以氢氧化钠计）或 pH 值范围
母药	有效成分、相关杂质、水分、固体不溶物、酸度（以硫酸计）或碱度（以氢氧化钠计）或 pH 值范围
乳油	有效成分、相关杂质、水分、酸度（以硫酸计）或碱度（以氢氧化钠计）或 pH 值范围、乳液稳定性、低温稳定性、热贮稳定性
可湿性粉剂	有效成分、相关杂质、水分、酸度（以硫酸计）或碱度（以氢氧化钠计）或 pH 值范围、悬浮率、润湿时间、细度、热贮稳定性
粉剂	有效成分、相关杂质、水分、酸度（以硫酸计）或碱度（以氢氧化钠计）或 pH 值范围、细度、热贮稳定性
悬浮剂	有效成分、相关杂质、水分、酸度（以硫酸计）或碱度（以氢氧化钠计）或 pH 值范围、悬浮率、湿筛试验、持久起泡性、低温稳定性、热贮稳定性
水剂	有效成分、相关杂质、水不溶物质量分数、pH 值范围、稀释稳定性、低温稳定性、热贮稳定性
可溶性液剂	有效成分、相关杂质、水分、酸度（以硫酸计）或碱度（以氢氧化钠计）或 pH 值范围、与水互溶性、低温稳定性、热贮稳定性
水乳剂	有效成分、相关杂质、酸度（以硫酸计）或碱度（以氢氧化钠计）或 pH 值范围、倾倒性、持久起泡性、低温稳定性、热贮稳定性
微乳剂	有效成分、相关杂质、酸度（以硫酸计）或碱度（以氢氧化钠计）或 pH 值范围、透明温度范围、乳液稳定性、持久起泡性、低温稳定性、热贮稳定性
悬乳剂	有效成分、相关杂质、酸度（以硫酸计）或碱度（以氢氧化钠计）或 pH 值范围、倾倒性、湿筛试验、分散稳定性、持久起泡性、低温稳定性、热贮稳定性
颗粒剂	有效成分、相关杂质、水分、酸度（以硫酸计）或碱度（以氢氧化钠计）或 pH 值范围、粒度范围、脱落率、热贮稳定性
水分散粒剂	有效成分、相关杂质、水分、酸度（以硫酸计）或碱度（以氢氧化钠计）或 pH 值范围、润湿时间、湿筛试验、悬浮率、粒度范围、分散性、持久起泡性、热贮稳定性
可分散片剂	有效成分、相关杂质、水分、酸度（以硫酸计）或碱度（以氢氧化钠计）或 pH 值范围、崩解时间、湿筛试验、悬浮率、持久起泡性、粉末和碎片、热贮稳定性
可溶性粉剂	有效成分、相关杂质、水分、酸度（以硫酸计）或碱度（以氢氧化钠计）或 pH 值范围、润湿时间、溶解程度和溶液稳定性、持久起泡性、热贮稳定性
可溶性粒剂	有效成分、相关杂质、水分、酸度（以硫酸计）或碱度（以氢氧化钠计）或 pH 值范围、溶解程度和溶液稳定性、持久起泡性、热贮稳定性
可溶片剂	有效成分、相关杂质、水分、酸度（以硫酸计）或碱度（以氢氧化钠计）或 pH 值范围、崩解时间、湿筛试验、溶解程度和溶液稳定性、持久起泡性、粉末和碎片、热贮稳定性

续表

剂型	质量指标
烟剂	有效成分、相关杂质、水分、酸度(以硫酸计)或碱度(以氢氧化钠计)或 pH 值范围、自燃温度、成烟率、干筛试验、燃烧发烟时间、点燃试验、热贮稳定性
烟片剂	有效成分、相关杂质、水分、酸度(以硫酸计)或碱度(以氢氧化钠计)或 pH 值范围、自燃温度、成烟率、跌落破碎率、粉末和碎片、燃烧发烟时间、点燃试验、热贮稳定性
超低容量液剂	有效成分、相关杂质、水分、酸度(以硫酸计)或碱度(以氢氧化钠计)或 pH 值范围、低温稳定性、热贮稳定性

第三节 JMPS 推荐的农药理化性质分析方法

1970 年发表的 CIPAC 手册第一卷，给农药生产者和使用者提供了现代化的原药和制剂分析方法。后来有很多新发表的分析方法使该卷内容得到了补充，而且 CIPAC 各卷中都有原来发表在第一卷中的杂项技术（MT）。既然目前第一卷已不再重印，CIPAC 一直觉得有必要把现有的 MT 方法都收集在同一卷中（即目前所见的 CIPAC 手册 F 卷）。为此，CIPAC 要求英国农药分析协会（PAC）的试剂和技术评审组（Reagents and Techniques Review Group）承担此项工作，沿着与试剂、指示剂和溶剂部分（RE）的修订和更新工作类似的路线进行。RE 发表在目前的第 E 卷中（E 卷第 2 部分）。该工作组最早是英国农药分析委员会（PAC-UK）的试剂和技术专门小组，其会员 W. I. Stephen 博士是当时的主席（英国伯明翰大学）。

为了修订 MT，该工作组对化合物的命名给予了特别的关注，引进了国际单位术语（SI）并强调了有毒和有害化学品的安全操作。对化学品，优先采用 IUPAC 的命名系统，对农药则优先使用 ISO 的通用名称，常用的别名也可以使用。有些 MT 因为过时或因为使用起来过分毒害而被淘汰，不再收录，因此可以看出，MT 的编号有间隔。F 卷中描述的所有技术都是主要用于农药原药和制剂的物理和化学性质测试的。很多技术本质上是非常经验性的，但都是经过广泛的协作验证并证明在正常的实验室条件下表现令人满意的试验方法。其他方法则是从农药和制剂使用的标准的物理和和化学方法改变而来的，所有 MT 清单见文后附录五。

第四章
如何控制农药产品质量

第一节 《农药质量控制指导》简介

在《国际农药管理行为守则》的框架之下，FAO于2011年发布了《农药质量控制指导》(Guidelines for Quality Control of Pesticides，2011)。该指导文件包括参考文献在内共有12章内容。其中主要内容有3章，内容分别如下。

第5章：农药质量控制——立法、组织建设和行政要求及行政资源 (Pesticide Quality Control-Legislation，Organizational Setup，and Administrative Requirements and Resources)。

第6章：关于农药质量控制的管理方面的实际措施 (Practical Considerations For Regulatory Quality Control of Pesticides)。

第7章：国际贸易中的农药质量控制 (Quality Control of Pesticides in International Trade)。

这些内容对于我们政府制定国家级相关政策和企业明确自己的责任并制定相应的质量管理措施有重要的指导意义，因此本章重点介绍这三章内容。

一、《农药质量控制指导》覆盖的范围

该指导文件主要阐述了为在成员国执行农药质量管理计划对立法、行政、组织和基础设施等方面的要求，关于样品选择和取样程序指导也包含在该文件中，但是该文件不包括农药质量控制实验室的质量保证规范，这方面的内容在国际农药分析协作委员会 (CIPAC)、WHO和FAO共同开发的另一套指导文件 (Quality control of pesticides products: guidelines for national laboratories，2005) 中阐述。

二、《农药质量控制指导》的目标

① 为了控制农药质量，向负责农药管理当局、农药业界、零售商、农药用户和民间社会提供立法、行政、组织和基础设施要求和程序等方面的指导。

② 提高市场上的农药品质，因此最大限度地降低农药对人的健康和环境的风险，降低作物损失并提高公共卫生有害生物的防治效果。

三、责任

在《国际农药管理行为守则》中已经明确了政府、农药业界、国际组织等在农药质量控制方面应负的责任，主要包括如下几个方面。

1. 政府的责任

① 引进必要的农药管理法规，并制定出保证有效实施的具体规定。

② 努力建设农药登记方案和基础设施，以保证农药在本国使用之前获得登记，并保证每一个农药产品在获得并使用之前得到登记。

③ 拥有或有权使用有关设施，以证实和促使其对销售或出口的农药进行质量控制，根据已有的 FAO/WHO 标准确定有效成分或组分的量以及其制剂的适用性。

④ 使用 FAO/WHO 农药标准制定和使用手册（Manual on development and use of FAO and WHO specifications for pesticides）来决定农药的等同性。

⑤ 改进收集和记录农药进口、出口、生产、加工、质量和数量等方面数据的规则。

⑥ 查明和管制农药的非法贸易。

2. 农药业界的责任

① 只向每个指定的市场提供品质合格、包装和标签适当的产品。

② 采取一切必要的步骤保证进入国际贸易的农药至少符合 FAO/WHO 的相关标准（如果有的话）或其他等同标准的要求。

③ 努力保证专供出口的农药和供国内使用的农药符合同样的质量要求和质量标准。

④ 保证由附属公司制造或加工的农药产品符合适当的质量要求和质量标准。要与东道国和母公司的质量要求一致。

⑤ 应某国要求，提供产品其所生产的有效成分或制剂的分析方法，并提供必要的标准品。

⑥ 保证上市的农药产品的有效成分和其他组分在身份、质量、纯度和组成上与被测试的物质相一致，在毒理学以及环境可接受性等方面也一致。

⑦ 保证农药有效成分和制剂与相应的 FAO/WHO 农药标准（如果这些标准已经存在）一致（包括卫生用药标准和农用农药标准）。

⑧ 能证明所售农药的质量和纯度。

⑨ 要使用明确标明产品批号（用数字和字母）并容易理解而不需要额外参考代码的标签，而且标签要清楚地显示每批产品的出厂日期（年月）并包含与贮存稳定性有关的信息。

⑩ 始终主动注意其产品到达最终用户的各个环节，跟踪产品的主要用途以及因产品使用而出现的任何问题，作为确定是否需要对标签、使用说明、包装、剂型进行修改，或改变产品的供应。

⑪ 为参与相关分析工作的技术人员的培训提供建议和帮助。

从该指导对“业界”的要求看，我们的农药生产企业必须在从生产到销售后的产品跟踪等全生命周期内对自己的产品质量负责。这些要求对于企业制定相应的管理措施有至关重要的指导作用。

3. 国际组织的责任

①通过提供准则文件（criteria documents）、情况说明书（fact sheet）、培训和其他适当的手段提供针对某指定农药产品的信息（包括分析方法指导）；②在农药进口国，以国家为基础或以地区为基础根据可获得的资源建立新的分析实验室，或者使现有实验室能够承担更多的分析任务并提高其分析水平。这些实验室必须坚守科学方法和良好的实验室规范，必须拥有必要的专门技能，足够的分析设备，充足的分析标样、溶剂、试剂以及适当而且先进的分析方法。

4. 政府和业界的共同责任

在发展中国家建设适当标准的生产设施，政府和业界共同保持质量保证程序以保证产品符合相关的纯度标准、药效、稳定性和安全性标准等。

第二节 农药质量控制：立法、组织建设、行政要求及行政资源

作为《农药质量控制指导》的第 5 章，此部分内容是对各国政府提出的建议。中国政府在农药管理和农药登记方面已经做出了很多工作，成绩斐然，与国际接轨的程度越来越高，但是仍有一些差距，尤其是产品质量管理措施的落实方面的工作还有待改进，即需要制定更为人性化和更合理、更切实可行的管理措施。可喜的是，即将颁布的新修订的《农药管理条例》将把农药市场和经营管理

作为农药管理的重点之一，这对提高产品质量有积极意义。

一、立法

完整的农药管理立法（包括微生物农药）是保证市场上农药质量的重要前提之一。

建立一个有效的农药质量控制体系的首要条件就是对登记适当地立法，并给予行政、技术和财政支持。

目前已经制定了很多农药质量标准，只有符合相关标准的产品才能进行交易。

包装和标签也是市场上销售的农药产品的重要部分。因此，在评价和审批农药产品登记时，主管部门应该保证产品包装良好，能够经受得起在当地气候条件下的操作、运输和贮存过程的考验。

其他与立法有关的如销售和制造许可也可能对农药质量产生影响。对零售商和制造商的许可能够强化他们的责任，促使他们销售和制造质量合格的产品。违法销售或制造低质量的或未经登记的产品会导致他们的许可证被撤销。

虽然农药登记是保证进口、生产和销售高质量农药产品的第一重要步骤，但是登记后的活动，如监察、教育和执法也同样重要，尤其在某些发展中国家，产品质量较差而且经常有假货出现。

虽然执法不是唯一的提高农药产品质量的措施，但它是重要的和必需的，尤其在低质药和假药经常出现的国家。为了有效地执法，农药立法和补充规定应该包括如下条款：

① 对质量低劣、未登记的、禁用的以及假冒农药采取执法行动。

② 规定采样程序，包括采样方法、采样数量和采样人，样品应该在何处进行分析，分析时间表，合格的分析人员，谁负责报告分析结果，如有人对分析结果产生质疑应该采取什么行动。

③ 规定查封产品的程序。

④ 对不服从的行为人给予足够的处罚，以制止违规行为。

⑤ 针对农药制造或加工以及分销和销售制定相应的许可规定。

⑥ 由官方指定官员负责采取执法样品并对犯规者进行起诉。

⑦ 由官方指定官方分析人员。

⑧ 允许（许可）被取样的一方（制造商或供应商）对分析结果表示质疑，如果分析结果不同于执法官员提供的分析结果。

二、组织建设

在农药管理法中应该明确地指定负责农药管理的政府部门，不同国家可能指定不同的部门来管理农药。

通常在农药管理法中都有关于成立农药委员会（Pesticide Board，Pesticide Committee 或 Pesticide Council）的条款。委员会的成员是来自各个相关部门的代表。同时，农药管理法还有专门条款用于指定某个部门或机构负责农药执法工作的日常事务。如绝大多数国家是由农业部主管，其他部门参与，也有些国家以环境保护部门为主管单位。主管部门需要得到资金支持以使其能够雇用相关的技术人员为执法服务。

农药管理法还应该赋予农药委员会相应的权利，包括制定补充规定、指定相关官员、收集信息和收费等。

根据各国国情，为保证农药质量所需要的支持服务如分析实验室和执法服务有可能属于或不属于指定的农药主管部门管辖。如中国农业部的农药检定所就是根据农药管理条例指定的农药主管机构农业部委托的执行机构，负责日常事务并拥有分析检验实验室。

三、行政要求和行政资源

强制执法确实是农药管理的重要而必需的一个方面，尤其是在那些农药质量问题比较多的国家。强制执法在有些国家常常被弱化或忽略。对违法者适当的处罚是重要的，但是强制执法并不是唯一可用的措施。对一些小的违法活动主管部门一般是给予警告并限期改正。

一个国家的农药管理做得如何，往往取决于当地的情况及可利用的资源。常见的情形有如下四种。

1. 主管部门有权使用本地的分析实验室设施

有本地实验室的国家与没有的国家相比，更容易实现其农药质量控制。建立农药分析实验室是一件不容易的事情。不但需要经费支持实验室的设备和运转，还需要具有专业特长的人才。

农药立法也需要授权检查员，给予其取样分析和起诉权。

对于如何建立合格实验室的要求，以及实验室管理和质量保证方面的问题，FAO 也制定了相应的技术指导（quality control of pesticides products：guidelines for national laboratories，2005）。质量保证对实验室运作非常重要，一般根据 ISO/IEC 170251 通过国家机构进行的合格评定（认可），对于官方质量控制实验室的特殊需要来说，似乎比 OECD 的良好实验室规范（GLP）的质量保证更好。GLP 是 OECD 成员国农药登记的强制性要求。

实验室也最好能够获得国际或国内权威机构的认可，成为该领域内的权威分析机构。

2. 主管部门没有可以利用的当地农药分析实验室

一些发展中国家没有自己的农药分析实验室，这对农药质量主管部门来说是一个很大的挑战。在这种情况下，主管部门可以有如下几种选择：

① 主管部门要求获得授权的进口商提供有资质的或获得认可的实验室出具的分析报告，以证明所进口货物的质量合格。

② 主管部门随机向其他国家获得认可的实验室寄送进口商进口的农药样品进行质量分析，以证明进口商提供的分析报告的准确性。分析费用由进口商承担。

3. 农药生产商或加工商

农药生产商或加工商有责任尽一切力量保证其生产或加工的农药产品质量合格。他们可以拥有自己的分析实验室，他们应该从原料采购、生产过程、成品产生等各个环节做好质量检验和检测工作，并做好各项记录。即生产商或加工商应该具有完整的质量保证体系。

4. 进口商

在发展中国家，绝大多数农药是进口的。在某些国家，也会有一些制剂加工厂。农药进口商往往都是贸易商，他们严重缺乏技术和人才资源。在这种情况下，必须要求进口商进口的产品在质量上既能满足进口国主管部门的要求，也要符合出口国主管部门对质量的要求。此外，进口商还要保证其每次进口的农药产品都附带有合格实验室出具的针对该批次农药产品的质量分析报告。为进一步保证产品质量，进口商还应该制定和执行一个不断检验其产品质量的机制。

第三节 关于农药质量控制的实际管理措施

此部分内容是《农药质量控制指导》的第 6 章。

农药质量控制是一个持续的活动，而且费用很高。因此为了节省有限的资源，需要对此进行仔细的规划和实施。管理部门应该采取切实可行的成本回收机制，以保证质量控制工作的可持续性和连续性。质量控制应该包括为登记提交的样品，进口、生产和销售的产品。要求农药分析实验室不但能够进行有效成分分析，还能开展物理化学性质分析，以及根据标准要求进行杂质分析。

一、为登记提交的样品

农药登记可以被认为是阻止不合格产品进入国门的第一道防线。要求登记申请人提供产品组成信息，提供样品甚至提供有效成分/和杂质（相关杂质）的分析标样是农药登记的一部分内容，还要提供产品标样和分析方法。登记主管部门要采用权威分析方法对申请者提供的样品进行质量检验。

因此在登记过程中需要建立适当的程序以保证做到如下几点是非常关键的。

① 保证为登记提交的农药样品符合 FAO/WHO 农药标准，或国家标准，或其他可靠的标准。

② 在登记过程中保证产品的质量得到国际协作验证的 CIPAC 或 AOAC 分析方法的确认（包括有效成分和相关杂质含量以及产品理化性质）。如果没有 CIPAC 或 AOAC 分析方法，其他方法如国标中采用的方法或企业的方法经过确证后也可以使用。

③ 保证批准后的农药包装和标签也符合设定的标准。

④ 要求提交一份获认可的或公认的实验室出具的分析报告，也是农药登记要求的一部分。

⑤ 在当地没有实验室的国家，把样品寄送给海外有资格的实验室进行分析，以确认产品的质量。

⑥ 使产品符合已设定的标准要求是获得登记的一个前提条件。

二、登记后对市场上的产品监察

农药用户（包括使用农用药的农民和使用卫生用药的卫生部门）对农药的品质最有发言权，他们可以向政府提供有关农药质量优劣的信息。政府主管部门应该建立起农药质量报告系统（澳大利亚政府 APVMA 在这方面做得很好）。政府对用户反应的问题给予及时回应有利于农药质量控制。农药用户和消费者应该有一个快速和可靠的反映问题的通道，如通过基层官员进行反映。政府主管部门接到举报以后应该立即做出适当的反应，及时解决问题。除了依靠用户反映问题以外，政府主管部门还应该在市场上做例行检查，以确保市场上流通的农药产品的质量。

1. 非执法样品（non-enforcement sample）

有时从市场上取样进行分析的目的是为了了解产品质量的基本状态，获取这些样品的目的不是为了执法，但是分析结果对于后续采取改正措施很有用。

根据获得的信息和以往的经验，制定出取样计划非常有用：如对取样类型、来源和数量等都先做到胸中有数。

另一种非执法样品的来源是其他国政府（农业、卫生和当地主管部门）提交的他们所购买和使用的产品。这些样品的分析结果对于后续的执法行动也同样有用。由于分析费用昂贵，因此取样一定要做到谨慎和明智。

2. 执法样品（enforcement sample）

执法样品的取样工作比非执法样品要更为复杂和精心。执法样品的取样必须由法定的检查员依照法律规定的标准程序进行。检查员进入现场取样时必须向被检单位出具资质和身份证明。样品要从零售商以及生产厂或加工厂按标准程序取得。各国取样的标准程序可能不同，但是要遵守下面叙述的取样关键点。

除了样品分析和理化性质测试外，还要注意检查包装和标签是否合格。

取样要遵守接受监管的次序，以保证样品的完整性，使其能够进入法庭作为证据。执法取样的典型流程见图 4-1。

三、取样

由于所取样品可能要进入司法程序，因此由法定取样人按照法定的标准程序进行取样尤为重要。一般地，取样要遵守如下几点：

① 从一批次货物中取得足够的样品量以保证实验室分析用。

② 适当的时候，需要获取运输和交易记录或通信记录副本。

③ 向被取样方出具确认收到样品和相关文件的证明。

具体取样流程见图 4-1。

关于具体的取样程序和注意事项等在 FAO 和 WHO 的农药标准制定和使用手册（FAO/WHO Manual on development and use of FAO and WHO specifications for pesticides）中有详细论述（详见本书附录一），内容包括安全预防措施、

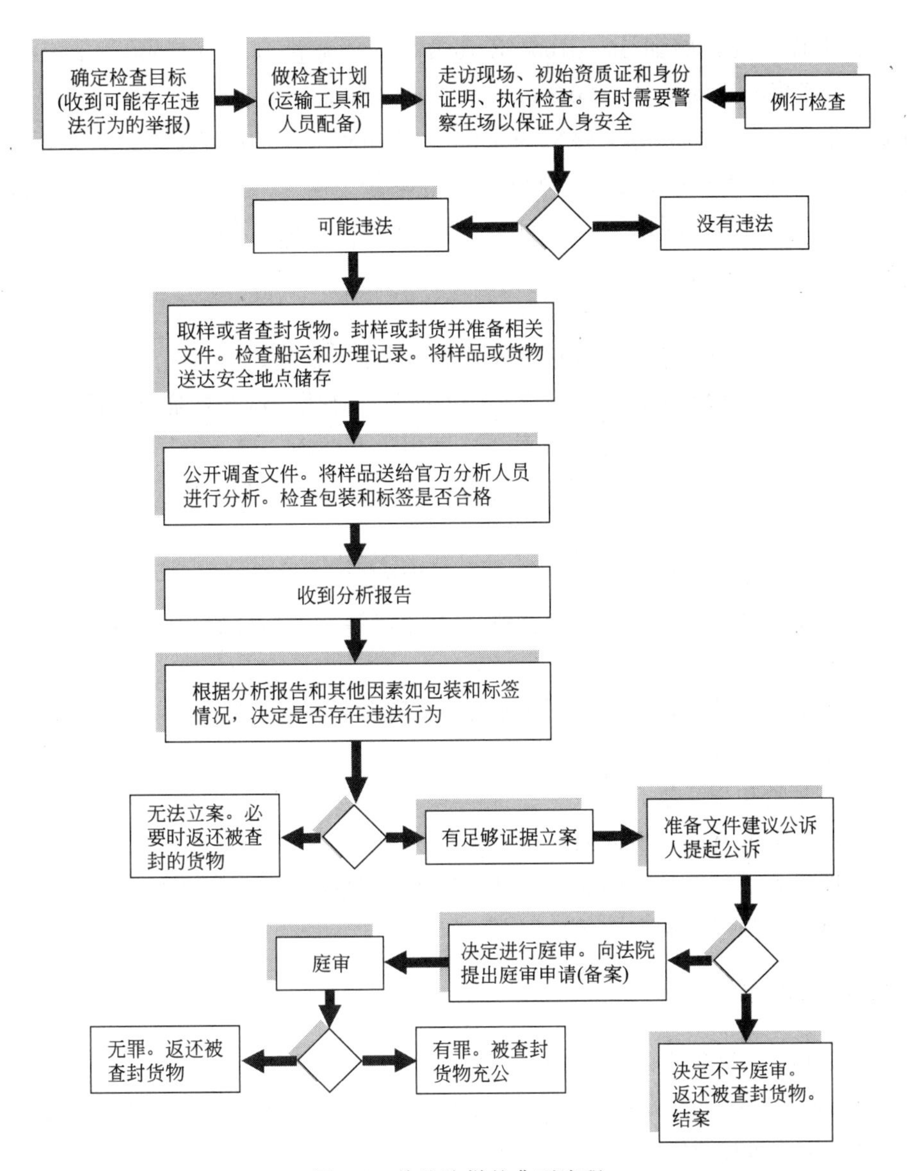

图 4-1　执法取样的典型流程

取样一般原则、取样准备、产品包装的检查，理化性质测试的取样等。美国环境保护局在其《农药法检查手册》(Federal Insecticide，Fungicide and Rodenticide Act Inspection Manual) 中对此也有详细论述。

1. 取样准备 (preparation for sampling)

在进行检查之前，要准备好运输工具和取样工具。

① 取样工具，例如 50～100mL 移液管；三通洗耳球（3-way pipette fillers）；虹吸提升手动泵（siphon-and-lift hand-pumps），汲取管（dip tubes）；样品提取器（sample tiers），小铲（scoops）；样品瓶（最好是容易密封的带盖的玻璃容器）；塑料袋（无通气孔）；塑料片（plastic sheets）；打开农药容器的器具；原容器需要清空的农药容器（containers for pesticides where the original containers are to be emptied）；

② 便携式天平，有合适的量程。

③ 可以牢固地贴于容器的标签或其他可用的类似物。

④ 密封胶带和蜡封，或者官方打印的胶带，证明容器开封是经过授权的。

⑤ 个人防护设备，如合适的手套（适用于接触桶、罐、取样器和样品容器等），围裙，防尘口罩，必要时需要有效的防毒面具，安全护目镜，棉纸，急救箱，肥皂，毛巾和洗涮用水。

⑥ 装取样工具和样品容器的手提箱，以方便安全运输。

⑦ 吸附材料（如蛭石或类似材料），用于填装在样品容器周围空隙处，保证样品安全。

⑧ 报纸、聚苯乙烯颗粒或刨花不是好的吸附材料。

⑨ 足够数量的相关表格。

⑩ 书写笔和记号笔。

⑪ 检察员的有效身份证明或授权证明。

⑫ 取样人员需要乘坐的交通工具，包括运载取样设备和样品。

⑬ 将样品送往实验室的运输工具。

2. 取样程序

正式样品一般都是取自已经包装好、贴好标签和可以上市的产品，也可以是销售中的假冒产品。在发展中国家，经常会遇到走私的或分装的未经登记的产品与其他产品在同时销售。

对于包装体积在 1L 或以下的液体零售产品，应该从每个批次的货物随机取至少 3 个完整包装作为样品。如果每个包装的体积少于 200mL，需要从足够多的包装中取出体积至少 200mL 的样品（如每个包装仅 100mL，那么就需要取三个样品，每个样品取两个包装）。

类似地，对每个包装等于或少于 2kg 的固体农药，也应该从每个批次的货物随机取至少 3 个完整包装作为样品。如果每个包装的体积少于 600g，需要从足够多的包装中取出至少 600g 的样品（如每个包装仅 200g，那么就需要取三个样品，每个样品取三个包装）。

如果每个包装的体积或质量高于上述情况（即液体多于1L，固体多于2kg），建议进行二次取样（subsampling），以方便操作并减轻分析任务完成以后的样品处置问题。很重要的是，在进行二次取样之前要保证原样品被充分混合均匀。二次样品（液体200mL，固体600g）最好保存在具有特氟纶或聚乙烯衬里瓶塞的玻璃瓶中，密封完好。根据实验要求，每个二次样品的量可以增加。

根据产品类型和包装大小，所用取样设备可以包括如下几种：移液管；虹吸提升手动泵（siphon-and-lift hand-pumps），汲取管（dip tubes）；样品提取器（sample triers）和小铲（scoops）。

为避免交叉污染，要多准备几套取样设备，或者在每次使用后充分清洗干净或干燥后再用。

样品必须取自未开封的容器。如果有多个批次或批号的产品同时存在，样品要取自占主导地位的批次。如果需要从多个批次产品取样，所有的批次或批号都要写在样品收据上去确定批次或批号。

每次取样后，检察员应该立即用手写标签给予标识，每个样品标识要有独一无二的参考编号、日期以及检查员的姓名，然后对样品进行正式密封并记录下来。取样报告和监管次序记录必须完整并由被取样方以及检查员本人签字。第一份二次样品应该交给被取样方，目的是当被取样方对官方分析结果有疑问时能把这份样品送给由主管部门认可的实验室进行再次检验，检查员将其余样品带走并保存在执法机关指定的仓库内。之后检查员必须在一周之内将第二份二次样品以及分析请求单一起送到指定的实验室由官方分析人员进行分析。分析人员也要履行签收样品和记录监管程序。检查员要给分析人员一个完成分析的时间表（一般在一个月内完成）。第三份二次样品作为备份样品由检查员保存，留作对前两份二次样品的分析结果出现争议时使用。

3. 运输和交易记录

包括发票、提单、运单和提货单（deliver order），都是记录农药产品运动过程的重要信息，这些信息能使检查员跟踪不合格产品的来源，对违法者采取适当的行动。在执法过程中对这些记录进行仔细审查非常重要，需要时可以获得复本以便后续调查或法庭作为证据使用。如果这些记录只有一份，检查员不能拿走，但是可以复印、照相或手抄所有必要的细节。检查员还要让被调查对象主管人员在复印件上签名证明他（她）在检查当天提供了这些文件。所有复印件上都要求检查员用手写上样品参考号和检查员的身份。

4. 查封的货物

在检查零售商的过程中，检查人员还应该仔细审查是否有未登记的产品、容器正在泄露的产品以及已经过期很久的产品。如果因为明显违法，检查人员需要查封货物时，则需要准备必要的文件，让零售商签字确认移交给检察人员的农药产品类型和数量。检察人员也要对查封的样品加上封条并做好记录。

四、监察过程的透明度

对执法有关的规则、执法程序、违法行为、处罚措施、上诉权利等都要让公众知晓。为了做到执法透明，政府主管部门应该建立一个机制，使主管部门能够依法对执法活动进行不断审查。任何关于执法不公的投诉都应该及时得到主管部门的调查和解释。

五、相关组织和机构之间的协作

检察人员与其他相关机构如海关、警察和贸易部的协作非常重要。国家应该建立一个相互协作的机制，并对相关人员进行培训，使他们获得鉴别劣质农药和违法农药的能力。

六、农药生产（加工、分装、再贴标）和销售的控制

对生产商和零售商的许可制度也是保证生产和销售的产品质量的重要措施之一。在某些发展中国家，急需对零售商进行培训，让他们知道不能销售假冒产品和自行分装的产品的重要性。

第四节 农药国际贸易中的质量控制

此部分内容是《农药质量控制指导》第 7 章的内容。

近几十年来，FAO 和 WHO 一直积极地支持各成员国和业界建立农药全程管理（全生命周期管理）体系，其中包括解决质量问题。为了保证国际贸中的农药产品质量，原《国际农药供销与使用行为守则》在第四条中确定了各相关当事

人的责任。FAO/WHO《农药标准制定和使用手册》制定了国际农药标准参考，它为农药管理和贸易提供了质量争议的判断依据，有利于避免劣质产品的贸易。该手册还制定了与农药使用效果和风险有关的物理和化学性质指标，鉴于此，政府和业界都应该尽可能保证生产、出口和登记的产品符合该标准的要求。在出口方面，如果进口国的标准不同于FAO和WHO标准，则出口产品需要满足进口国的标准要求。

第五节　不合格产品

此部分内容是《农药质量控制指导》第8章的内容，是关于如何处置不合格产品（non-compliant pesticides）的指导。

农药主管部门在检查农药质量时，常常对发现的不合格产品不知道应该采取什么行动。其实可以采取的措施可以有多种，这取决于采样的目的是什么。

一、用于登记的样品

如果在登记过程中，主管部门发现申请者所提交样品不符合标准要求，主管部门可以拒绝登记申请，如果与标准的差别不大，则可以与申请者进一步讨论应该采取何种纠正措施。登记申请者只有在获得登记后能够供应合格产品的情况下，登记申请才能给予批准。

二、非执法样品

根据样品来源不同，可以采取不同的行动。如果样品是为调查市场上产品的质量而取的，非执法样品的分析结果可用来计划进一步的执法行动。但是，如果由其他政府部门提交的样品被发现不合格，那么此相关部门可用这个结果来拒绝货物。另一方面，主管部门则需要做进一步跟踪，必要时可以采取执法行动。

三、执法样品

如果样品是由检察员为了执法所取，发现与产品标准、标签和包装要求不符时，则应该采取纠正措施，或者向法院起诉。同时，主管部门也可以撤销其农药登记。对于细小的违规行为，也可以采取限期改正的办法。通过合法的处置途径对不符合质量要求的产品进行处置的证据也被要求作为改正行动的一部分，这种证据必须是正式的由合法的毒害物处理场所颁发的销毁证书。

执法部门常常面临完成庭审法之后的农药处置问题，尤其是当查封的农药数量较大时。执法结束后，违法者应该依法支付农药处置所需费用。

文件1　典型的取样报告

（一式四份：每套二次样品附一份，第四份存档）

零售商/批发商/生产商名称和地址：

取样时在场的取样场地拥有人或员工的名称：

检查/取样/查封日期(日/月/年)和时间：

在检查和取样过程中在场的检查员/官员的姓名：

被取样的农药名单

编号	农药详细情况	样品参考号	取样量

零售商/批发商/生产商确认：

我确认我收到了一份被取样供分析的农药名单以及名单中所列的每个产品的一份二次样品。

签字：

姓名：

日期(日/月/年)：

时间：

公司或正式盖章

检查员：

姓名：

日期(日/月/年)：

时间：

文件 2 典型的处理过程记录表

样品源的名称和地址：		
样品描述(包括包装情况)： 登记证号(如果适合的话)： 样品参考号：		
数量	转交人： 签名： 接受： 签名：	日期(日/月/年) 和时间
数量	转交人： 签名： 接受： 签名：	日期(日/月/年) 和时间
数量	转交人： 签名： 接受： 签名：	日期(日/月/年) 和时间
数量	转交人： 签名： 接受： 签名：	日期(日/月/年) 和时间
数量	转交人： 签名： 接受： 签名：	日期(日/月/年) 和时间

文件 3 典型的样品分析请求单格式（一式两份）

序号	农药描述(包括参考编号)	量	要求的分析类型
1			
2			
3			

续表

序号	农药描述(包括参考编号)	量	要求的分析类型
4			
5			
6			

要求分析结果在下面日期之前提交：
日/月/年

提交样品的检查员： 签字： 姓名： 日期：日/月/年 时间：	样品的官方分析员： 签字： 姓名： 日期：日/月/年 时间：

以上介绍的是《农药质量控制指导》文件中与运营质量管理关系最密切的内容，其中对政府和业界的要求，尤其是对业界的要求是农药生产企业需要认真学习和努力做到的。建议企业根据自己的工厂实际，把这些要求融入到自己的产品质量管理工作中去。

为了让读者更好地理解本章内容在实际工作中的应用，下面的文件4给出了一个质量监测取样要求案例。

文件4　监测农药产品质量的采样案例：澳大利亚农药主管部门（APVMA）对原药质量监测的要求（要求监测2,4-滴原药中的二噁英含量）

背景：2013年7月澳大利亚媒体报道澳大利亚市场上2,4-D制剂含有二噁英。为了给公众一个交代，澳大利亚政府农药主管部门（APVMA）要求2,4-D相关产品的登记持有人对其2,4-D原药进行检测，检测二噁英污染物的浓度。APVMA给登记持有人发函对2,4-D原药取样、分析和报告做出了详细规定，这些规定如下。

1. 取样

(1) 要求从2个非连续的批次抽取样品。如果在本信函声明的有效期内只有两个连续的批次，那么只好从每个批次抽取一个样品。

(2) 固体样品抽取样品量至少2kg，液体至少2L。样品需要包装在

HDPE瓶中或玻璃容器内并严格密封以保证在运输过程中不泄露。

(3) 所有取样过程必须由如下人员在场观察：

① 来自如下国际监督机构的监督员：SGS，Pricewaterhouse Cooper，Deloitte Touche Tohmatsu，KPMG，Ernst & Young（这些都是澳大利亚本地机构）。

② 来自国家/联邦政府主管部门的代表，或者

③ 公司的主管或首席执行管。

(4) 监督员必须提交一份具法律效应的声明公司法用，声明样品是如何抽取的，声明的内容包括：

① 取样日期。

② 从中抽取样品的产品批号。

③ 监督员观察了取样过程。

④ 取样是根据本信函中规定进行的。

⑤ 监督员进行了封样。

(5) 所有样品容器的标签都必须带有如下信息：

① 有效成分名称。

② 生产商名称。

③ 有效成分纯度/浓度。

④ 有效成分的生产批号或者批次标识。

⑤ 有效成分生产日期。

⑥ 有效成分的取样日期和时间。

⑦ 取样人姓名。

⑧ 取样人的职位描述。

⑨ 取样监督员的姓名（如果有）。

⑩ 监督员的职位描述（如果有）。

(6) 该声明必须在取样后立即提交给APVMA，最迟也要取样后在14天内提交给APVMA。

(7) 每个样品都必须密封在塑料袋内，而且要用APVMA提供的防拆封的高保封密封塑料袋。

(8) 从中抽取样品的产品批号、生产日期以及APVMA的有效成分批准号（或称登记号）必须记录下来。

(9) 必须采用安全的运输方式将样品运输到分析实验室，比如用快递或

者通过利害关系人亲自送达或其他指定的代理人送达。

（10）所送样品需要附带 MSDS 以说明样品的安全性。

2. 分析

① 样品分析必须在联合国环境规划署（UNEP）持久性有机污染物（POPs）分析实验室数据库中列出的分析机构进行（注：其中有若干个中国境内实验室）。该数据库的地址是：http://212.203.125.2/databank/Laboratory/Search.aspx。这些机构有能力分析 PCDD/PCDF，2，3，4，8-取代物（TEQ）。

② 样品分析必须包括世界卫生组织 2005 年在"The 2005 World Health Organization Reevaluation of Human and Mammalian Toxic Equivalency Factors for Dioxins and Dioxin-Like Compounds"文件中列出的所有氯代二苯并-*p*-二噁英和氯代二苯并呋喃化合物，而且要根据 2005 年世界卫生组织规定的毒当量因子（TEF）计算出样品的毒当量（TEQ）。多氯联苯的"非邻位"和"单邻位"取代物不需要分析。

③ 声明所有承担任何分析测定工作的员工都是经过适当培训的熟练员工。

3. 报告

所提供分析报告应包括如下内容：

① 所得分析证需要包含产品名称、APVMA 产品登记号或批准号、产品批号和生产日期。

② 分析原药或制剂样品所用方法的全部验证数据。

③ 若对样品分析所用的任何已获认可的方法进行过改动，则必须提供更改方法的记录或说明文件。

第五章
如何建立农药质量控制实验室

FAO 制定的关于《农药质量控制-国家级实验室指导》（Quality Control of Pesticide Products-Guidelines for National Laboratories）是一份完整的实验室建设指导。他不仅对国家级农药实验室的建设有指导意义，对农药企业的质量控制、实验室的建设也同样具有非常实际的指导作用。尤其是我们的农药生产企业都应该根据这份指导对自己的实验室进行逐项检查，尽最大努力做到符合甚至超过 FAO 指导的要求。

以下各节内容都摘自《农药质量控制——国家级实验室指导》，标题也此采用原标题未作修改。

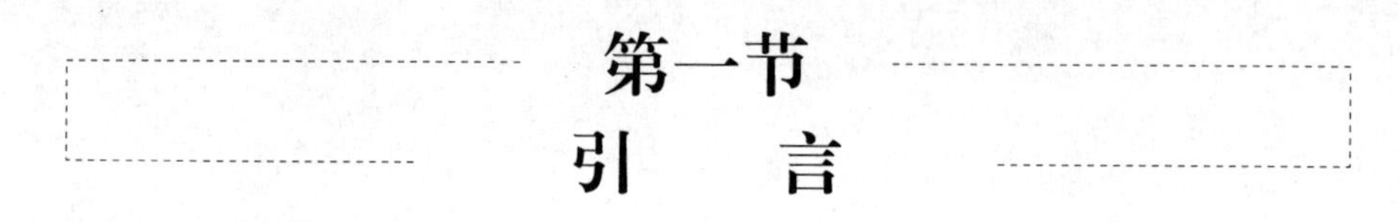

第一节 引 言

本指导文件的目的是为建立或加强国家农药质量控制活动提供一个总的指导，既适用于农用农药，也适用于卫生用药。尽管某种农药产品的最终用途可能不同，但质量控制方案都非常相似。而且一个实验室能够把两个应用领域的农药产品的质量控制统一起来一定是增效的并能更好地利用资源。

本指导着重于进行登记后农药产品分析的实验室，用来保证实验室产生的分析数据有足够高的水准，经得起外部质量审查。对进行登记前产品分析的实验室也有参考价值。

该指导的范围不限于进行特定分析的质量控制，还可以扩展到与实验室运作全程有关的各种管理活动，如与组织机构、员工、程序和设备有关的事情。

该指导还涉及参与产品检验的实验室质量保证要求。一般地，根据 ISO/IEC 170251 通过国家机构进行的合格评定（认可），对于官方质量控制实验室的特殊需要来说，似乎比 OECD 的良好实验室规范（GLP）的质量保证更好。GLP 是 OECD 成员国农药登记的强制性要求。

在为仓促到来的样品分析（在官方质量控制实验室经常见到的情景）提供更多灵活性的同时，合格认定的重点是质量管理和资格。

本指导的提纲和要点多次参考了 ISO/IEC 17025 标准的要求。

在本指导文件中，为了行文简便，假定样品是由实验室机构之外的团体提交的，将“客户”一词用于该语境。

第二节 机构和管理

一、结构、责任和实验室员工的职权范围

从事农用和卫生用药质量控制的官方实验室都应该认识到，农药业界和国家登记管理机构都是在国家和国际农药管理框架内运作，这一点是必需的。农药生产厂家必须服从国家标准对农药产品的质量要求，而且根据国家法律也要服从FAO和WHO的农药标准要求。

因此，从事农药分析方法开发和使用的实验室必须拥有先进的检测设备和经过训练和有能力的技术人员。实验室工作人员能够与管理机构和生产企业的技术人员进行有效沟通也是必需的，以便处理争议和促进有益的改变。实验室的所有员工都可能影响分析数据的质量，因此每个人都应该有清楚并认同的工作职责描述。职责描述内容包括责任描述以及每项责任的目的描述。

每一项工作也都要在实验室的组织机构图里得到体现。组织机构图要对实验室的组织结构有清晰的描述，对实验室和各部门的责任范围也有清晰的界定，目的是给顾客提供实验室快速预览。因此，对一种工作的总体目的描述，就为管理人员（管理此工作的承担人）提供了重要说明。更重要的是，这样可以明确责任，并采取适当的矫正或预防措施。在实验室内，有指定的员工对质量保证负责，对质量审核负责。

二、质量保证方案

1. 管理检查

建议对实验室的所有制度和程序进行定期检查，一般每年一次。每次检查，都要确定出需要改进的地方，可以是对组织、培训的改进，也可以是对特定的程序或分析方法的改进等。

这些要求必须在协商后的改进方案中备案，并规定出行动日期。为了方便检查工作的开展，明确一些关键点是很重要的，这些关键点可以包括：

① 对现有资源进行评价（员工、空间、样品容量等）。

② 对矫正程序的遵守情况。

③ 对（设备）维护计划的遵守情况。

④ 对操作熟练程度测试的结果（如果有）。

⑤ 完成协作测试项目的情况。

2. 质量体系

把实验室运作中对质量有重大影响的关键因素在实验室质量手册（Laboratory Quality Manual）中描述清楚是非常必要的，这些涉及关键程序、质量计划和记录保存。质量计划必须保证所有的建筑物、设备、资源、技能、过程等可用并且先进，而且为了满足顾客的期望，还能根据顾客要求的改变而改变。质量体系的重要方面是分析结果的可追溯性（数据的归档、电子文件等）和标准操作程序（包括参考物质和仪器设备）的记录。

3. 客户的订单与合同书

与关键客户之间必须建立覆盖合同和订单协议的规程，这些规程可以包括：

① 要建立一个程序，用来保证客户要求被正确地检查并且在实验室接受客户要求之前真正清楚客户的要求。

② 建立一个修改合同的程序。

③ 要建立样品接受、贮存和处置的手续。

④ 要有记录合同和订单，以及归档的制度。

4. 文件和数据记录

要有程序来界定所有关键文件和实验室结果及其他数据是如何控制和归档保存一定时间的。文件包括：

① 所有的分析方法和物理测试方法。

② 所有的产品标准。

③ 所有的实验室操作程序。

④ 所有的健康和环境管理程序。

还必须有一个存档制度和相应的操作程序，以保证所有文件总能被写出来并发布给需要使用文件的地方，需要时能够容易地得到，当过时之后能被剔除和替换。

但是，所有的制度都应尽量保持越简单越好，文件可以硬拷贝保存或以电子版保存。尤其重要的是，在更新或修改方法或操作程序时，也要有可以遵守的手续和步骤，包括要经过有资格的员工批准。

要建立一贯的记录维护制度。应包括：

① 所有测试结果。

② 样品。

③（仪器或设备）校准和维护记录。

④ 培训记录。

⑤ 供应商的分析证明（COA）。

⑥ 客户的订单。

必须保存记录的目的是证明质量体系的运作有效性，还可以作为实验室定期检查和改进的依据。在程序中，必须指明什么记录要保存、如何保存以及保存多长时间等，还要说明记录是如何维护和在保存期满后是如何处置的。所有记录必须是清楚、易读和容易获取，保存时应最大限度地保证不被损害或丢失。

质量记录包括：

① 管理检查和核查的记录。

② 客户合同和订单。

③ 供应商清单。

④ 供应商历史记录。

⑤ 分析结果及其他测试结果。

⑥（仪器和设备）校准和维护记录。

⑦ 所发布的不一致性或让步的记录（records of non-conformances or concessions issued）。

⑧ 客户投诉。

⑨ 培训记录和计划。

⑩ 核查记录和计划。

5. 内部质量核查

实验室要有对所有制度和程序进行定期核查。核查工作需要由经过训练的核查小组进行，核查程序包括：

① 做好核查计划。

② 计划好各项核查内容，做出核查清单。

③ 执行核查。

④ 记录核查结果。

⑤ 保证实验室管理者对需要纠正的不足之处承诺改正。

⑥ 进行跟踪核查，以保证不足之处得以纠正。

还要有描述如何采取纠正行动的程序，并确定预防性措施以避免将来可能出现的问题，纠正行动可能包括：

① 对客户投诉的有效处理。

② 对操作程序上的不一致性进行有效的调查（effective investigation of procedural non-conformances）。

③ 采取控制措施保证纠正行动的执行。

预防性措施可能包括：

① 对关键质量措施的分析，如误差、让步、核查结果、质量记录、客户投诉等。

② 避免未来出现不一致性的预防性措施。

③ 由管理检查引起的行动。

6. 参与国际活动和协作研究

建议官方实验室建立内部量保证措施作为日常程序。由于农药制剂产品通常不像参考标样那样容易买到，因此强烈推荐采用内部质量保证措施，如使用独立的参考溶液（如由不同的标准参考物质通过不同的称量和稀释制备的参考溶液），或采用加入已知量有效成分的所谓标准加入法进行制剂分析。

此外还鼓励实验室尽可能多地参加 CIPAC 或 AOAC 的实验室间的协作研究活动。这不但能为参与的实验室提供尽早使用新方法的机会，还能为实验室提供衡量其总体能力的参考点。如前所述，目前这方面的计划还很少，而且项目的范围也限于制剂中有效成分的测定。

虽然如此，实验室熟练度检测项目的应用仍受到高度推崇，因为它可以提供基准。例如位于美国普渡大学的印第安纳州化学家办公室（Office of the Indiana State Chemist）发起的“美国农药管制官员检查样品项目”（Check Sample Program of the Association of American Pesticide Control Officials, AAPCO）。

第三节 员工资格和培训

实验室的员工都应该有能力做好其职责描述中描述的工作范围的工作。为评价员工能否完全而圆满地完成其工作任务，对员工的正式资格、经验以及其他个人品质都需要进行考虑。

对参与分析工作的员工而言，业务熟练程度测试计划不但可以提供对分析人员进行技能评价的机制，还可以考察分析程序的可靠性。

所有员工都应该获得针对其所承担的工作的完整培训。每个成员都需要一个经双方协商的培训计划。仔细坚持培训计划会使员工在机会来临时，在实验室里能承担更宽范围的活动。培训项目不能仅仅覆盖技术方面，还要顾及个人发展和管理技能方面的事情。任何与关键的质量活动有关的个人都应该参与培训，以保证他们掌握适当的技能。

培训可以是在职的，也通过参加被认可的培训课程和/或参与更多的学术研究等方式进行。

培训程序应该包括：

① 制订培训计划，即明确培训需求和安排培训日期。

② 定期地检查培训需要。

③ 核查协议目标是否实现。

从事实验室分析工作的人员，必须具备足够的科学背景，丰富的自然科学知识。此外，他们还需要具备很多其他方面的能力，如观察问题和分析问题的能力，逻辑思维能力，有创造性等。要有分析复杂混合物的能力，使用现代分析仪器的能力，使用计算机的能力。还要熟悉实验室安全、健康和环境管理等方面的知识，要不断进行评价和演练。

保持对管理体系的各个方面，包括培训项目、记录以及有关程序等进行定期核查是非常重要的。核查工作要由训练过的员工执行，他们对核查工作很熟悉，但不作为他们的日常工作。

第四节 设 施

一、图书馆和可以使用的电子数据库

实验室员工有权使用所有适当的图书馆设施。很多重要信息都在以电子版形

式快速增长，员工要有权使用互联网获取 FAO 和 WHO 农药标准等。员工要有权使用 CIAPC、AOAC 以及美国试验与材料协会（ASTM International）方法，农药手册（指英国作物生产协会出版的英文《农药手册》）中的背景信息以及由生产商提供的信息。

二、实验室设施和安全规定

为了获得适当质量的分析结果，实验室设施的重要性在过去几年里被认为是很重要的。实验室设施的关键点如下：

① 牢靠的现代建筑，地面和其他表面都是光滑和容易清洗的。

② 远离震动源。

③ 良好的电力供应（尤其是对微处理器控制的设备的不间断供电）。

④ 空调。

⑤ 高质量气体的管道供应，包括色谱仪使用的氮气、氦气、氢气和压缩空气等。

⑥ 良好的排水体系和废物处理体系。

⑦ 充足的供准备样品用的放置工作台的空间，以及放置设备的地方。

⑧ 提供通风橱（fume hoods），用于挥发性、有粉尘和/或有毒的材料的操作。

⑨ 提供数据收集、撰写报告、实验室文件贮藏的区域。

⑩ 要有火灾探测和扑灭、漏气警告、强制性佩戴的安全眼镜、防护手套和防护衣等现代化安全设施和物品。

三、保存数据、样品、标样和试剂的区域

应该有独立而安全的区域用于归档和保存数据资料。易损坏的信息应该保存在防火柜内，包括电脑光盘的备份。农药样品应该保存在密封的样品罐内，置于通风良好的空调房间内或有控温的区域，至少保存 3 年。化学品和试剂也应该保存在通风良好的控温室内，易燃溶剂要保存在防火容器内。所有材料都应该以“先进先出”的原则贮藏在贮藏室内，还要制定对超过货架寿命的材料进行处置的规定。

第五节 设　备

一、设备的范围和类型

实验室必须装备有现代化的系统，即多种分析设备和物理测试设备，包括：

① 毛细管气相色谱仪，带火焰离子化检测器（flame ionization detection，FID），可以用分流和不分流两种操作模式。

② 带 FID 的填充柱气相色谱仪。

③ 高效液相色谱仪，带紫外检测器和柱式加热炉。

④ 毛细管气相色谱仪的质量选择检测器（mass selective detector）。

⑤ 现代的实验室数据系统，或者计算机化的积分仪处理色谱和其他设备输出的数据。

⑥ 与各种色谱仪器连接的各种附属设备。

⑦ 紫外和红外分光光度计。

⑧ 实验室天平，敏感度达到 0.1mg。

⑨ 各种测量体积的玻璃容器。

⑩ 实验室用炉、干燥器、冰箱等，用于样品和参考物质等干燥和贮存。

⑪ 水浴和用于测定农药悬浮剂的悬浮率和乳油产品的乳液稳定性的装置（suspensibility jars and Crow receivers）。

⑫ 各种液体比重计（hydrometers）和测量密度的密度瓶等。

⑬ 测量颗粒尺寸的各种试验筛。

⑭ 旋转蒸发器，用于脱除溶剂。

⑮ 各种实验室温度计。

⑯ pH 计和滴定装置，最好是自动滴定仪。

⑰ 超声波浴，用于溶解样品。

⑱ 松密度和紧密度（bulk and tap density）测定装置。

当然所需要的仪器设备与分析目的有关，不同实验室的设备是不完全一样的。

二、设备的采购

分析设备应该从能够提供适合实验室需要的主要供应商那里采购，设备的任何主要部件都必须在证实能够满足要求之后再采购。尤其重要的是，当采购电脑控制的设备时，供应商一定要保证能够在得到故障通知后立即提供维修服务，实验室也应该建立清楚的设备采购管理程序（见本章第七节）。

第六节 化学品管理

一、所用的质量和类型

所有的化学品和试剂都要从有信誉的实验室化学品供应商那里采购，采购量要足以满足分析人物的需要。色谱仪使用的气体和溶剂都必须是高纯度的，纯度要求是由色谱仪和色谱柱供应商确定的。还要注意在分析方法中也可能注明了对试剂或溶剂的特殊要求。

二、分析标样

分析标样尤为重要，只能使用公认的参考物质。标样应该主要根据 CIPAC/AOAC 方法中说明的来源购买，或从农药生产商获得，或从公认的国家或国际标准物质机构和参考物质商业提供机构购买。

处理争议时，建议实验室使用同一批次的分析标样，以避免产生偏向，根据说明保存好标样也是很重要的。通常需要保存在密封和干燥的瓶中，然后放置在冰箱里，或根据制造商或其他供应商提供的说明保存。

三、化学品的采购

化学品和试剂都必须从有声誉的供应商那里采购，并要核对经协商的质量标准。化学品采购也应该有程序可依（参考本章第七节内容）。

四、安全操作和保存

处理任何有害物质都要先有相关知识。有毒和易挥发物质应该总是在通风橱内操作。操作时，必须带上适当的橡胶手套或氯丁橡胶手套并佩戴经批准的安全眼镜和实验室外套或工装。要穿质量好的鞋，不能穿漏脚趾的凉鞋。所有化学品都必须根据规定的贮存条件和当地安全法规贮存在安全和控温的区域，照明和通风都要好。易燃材料必须保存在防火柜内，无论是一般保存还是实验室保管都要这样。

五、废弃物处置

实验室职员对当地废弃物处置管理规定要有相当的了解，一定要严格遵守处置程序。废弃物包括溶剂和有机物质，必须收集和贮存在适当的容器内，并交付给有关部门进行适当的、安全的处置或处理。含卤代溶剂（chlorinated solvents）的液体废物应隔离保管，避免可能的放热反应，并进行单独处置或焚烧。实验室水池的废水应该经过适当的水处理系统。

第七节 质量控制操作程序

一、材料和服务的采购

所采购的材料和服务都应该满足实验室分析工作的需要，这就要求准备以下文件或材料。

① 所有被认可的供应商的最新名单。

② 制定新供应商的审批过程。

③ 制定接受一致性证明或分析证明的过程。

④ 制定与提供不合格材料和不合格服务的供应商打交道的制度。

需要购买的各种材料举例：

① 实验试剂。

② 实验设备和消耗品。

③ 标签。

④ 软件。

各种外包服务举例：

① 外部维护和校准服务。

② 清洁服务承包。

二、样品登记和可追溯性

实验室要有接受和登记样品的区域是很重要的。样品必须清楚贴标，还要加上参考序列号。这个号码是样品的关键标示符，他能保证样品在实验室内不同位置间移动时能随时被追踪到。

当工作完成以后，记录文件和分析结果被发送后，样品则需要按照参考序列号保存，以便检索并保证数据的可追踪性。

目前的实验室都在更多地使用计算机化的实验室信息管理系统，样品被条码标记，这样更便于管理和追踪。

三、分析方法和物理测试方法及其验证

试验时必须拥有所有可获得的经验证的分析方法，并把他们作为受控文件。这些方法可以是实验室内部开发和验证的，但是都要遵守 CIPAC 或 AOAC 的程序进行。建议在可能的情况下，所使用的试验方法都应该是（通过协作研究证实的）可靠的并用于仲裁目的方法。CIPAC 或 AOAC 或美国试验与材料协会（ASTM International）的方法都是测试物理性质的专用方法。

当需要实验室自己开发方法时，要采用通用的验证程序（如 Sanco Document 3030）对方法进行小心验证，然后才能用于样品分析。

强烈建议实验室在第一次使用某方法时，或者不太熟悉方法的操作者首次使用该方法时，最好采用以前测试过的样品做重复测试，以保证方法有足够的准确度和精密度。

需要测试原药样品中的杂质组成时，要使用空白和添加样品作为对照，以便检查是否有干扰物存在。这个检查工作必须在样品分析之前进行，方法回收率和其他指标必须都能满足需要才行。

四、产品标准

在多数情形下，应该对照合适的标准来检验样品，标准可以由厂家提供，也可以使用 FAO/WHO 标准。如果上述标准都没有，则很有必要使用《FAO/WHO 农药标准开发和使用手册》中针对每种类型的产品标明的适当方法。在该手册中，每种试验方法的适用范围可能都有说明，或者告诉参考相似类型产品的 FAO/WHO 标准。也可以使用有声誉的生产商提供的标准。

五、特殊程序

除了之前描述的方法之外，对实验室承担的所有的关键活动，还需要有标准操作程序，这些程序可以作为受控文件保存。特别是应该具有如下内容：

① 样品接受、操作和贮存，包括使用有效期。

② 对某些特定的仪器校准计划和检查要求。

③ 分析标样和其他校准材料的采购、贮存和使用。

④ 试剂和测试溶液的保存、使用和处置（包括有效期的控制）。

⑤ 设备清洁程序。

⑥ 新设备以及供应商的选择。

⑦ 数据处理和电子信息保存的程序。

⑧ 维护计划和程序。

⑨ 实验室所有设备的标准操作程序。

小心保管好所有样品和贮液是非常重要的，贴标要完善，要严格遵守货架寿命。

制定和保存处理数据争议的程序，也是很重要的，比临时再想办法更好。

快速解决争议可以通过实验室间的对话、共享信息和数据达成，适当的时候还可以通过样品交换和重新测试来解决。

第八节 GLP 实验室建设

本节内容不属于《FAO 农药质量控制-国家级实验室指导》的内容。本节内容主要介绍 GLP 实验室的基本知识和国内 GLP 实验室认证的进展。

GLP的目的是促进数据质量的提高，而试验数据的可比性是各国之间数据互认的基础。一个国家可以完全认可和信赖在其他国家获得的数据，就可以避免重复试验，节省时间和资源，进而更好地保护人类健康和环境安全。GLP准则适用于医药、农药、化妆品、兽药以及食品、饲料添加剂和工业化学品等各种物质的非临床安全性测试；凡是需要登记和认可管理的医药、农药、食品和饲料添加剂、化妆品、兽药及其类似产品以及工业化学品（如REACH），在进行非临床类人健康和环境安全试验时都应遵守GLP准则。

OECD（1982）列出了GLP准则包括的试验内容：理化性质；评价对人类健康效应的毒理学试验（短期及长期试验）；评价对环境效应的生态毒理学试验（短期及长期试验）；化学品环境行为的生态学研究（残留、光解、植物代谢、土壤代谢、作物吸收与运转、土壤消解、微环境影响、生物富集、非靶生物效应等）；为确定最大残留量和食品中的接触量而进行的农药残留、代谢物与相关化合物定性和定量检测也包括在生态学试验中。

OECD对GLP在田间试验中的应用、短期试验（无法明确定义）中的应用，多场所试验以及在离体生物试验（多属于短期试验）中的应用都有相应规定。

这里主要介绍与农药试验有关的GLP实验室在中国的建设进展以及数据互认。

中国国家认证认可监督管理委员会开始GLP认证工作。

根据2008年6月1日开始实施的欧盟REACH法规的相关规定，进入欧盟市场的所有化学品必须在规定的时间内凭GLP实验室出具的安全性评价数据到相关部门登记注册，方可在欧洲市场销售。为服务于我国的出口贸易，使我国产品在国内即可获得GLP实验室的检测服务，按照国际通行原则建立我国的GLP实验室监控体系，国家认监委从2008年3月开始组织开展GLP实验室评价试点工作。

中国国家认证认可监督管理委员会（Certification and Accreditation Administration of the People's Republic of China）负责GLP实验室认证工作，并已经制定发布了有关规则和指导：《良好实验室规范（GLP）原则》（试行）；《良好实验室规范（GLP）符合性评价程序》（试行）；《良好实验室规范（GLP）符合性评价申请书》（试行）；《国家认监委良好实验室规范（GLP）评价的领域》（试行）。表5-1是良好实验室规范（GLP）原则的主要内容。表5-2是国家认监委良好实验室规范（GLP）的评价领域。

中国国家认证认可监督管理委员会开始GLP认证工作并于2008年12月首次批准第一家GLP实验室（上海化工研究院检测中心）。在此之前，中国已经有

表 5-1　《良好实验室规范（GLP）原则》（试行）的具体内容

标准号/ISBN 号	中文标准名称/图书名称
GB/T 22275.1—2008	良好实验室规范实施要求　第 1 部分:质量保证与良好实验室规范
GB/T 22275.2—2008	良好实验室规范实施要求　第 2 部分:良好实验室规范研究中项目负责人的任务和职责
GB/T 22275.3—2008	良好实验室规范实施要求　第 3 部分:实验室供应商对良好实验室规范原则的符合情况
GB/T 22275.4—2008	良好实验室规范实施要求　第 4 部分:良好实验室规范原则在现场研究中的应用
GB/T 22275.5—2008	良好实验室规范实施要求　第 5 部分:良好实验室规范原则在短期研究中的应用
GB/T 22275.6—2008	良好实验室规范实施要求　第 6 部分:良好实验室规范原则在计算机化的系统中的应用
GB/T 22275.7—2008	良好实验室规范实施要求　第 7 部分:良好实验室规范原则在多场所研究的组织和管理中的应用

表 5-2　国家认监委良好实验室规范（GLP）评价领域（试行）

代码(code)	领域(areas of expertise)
01	理化性质测试(physical-chemical testing)
02	毒性研究(toxicity studies)
03	致突变研究(mutagenicity studies)
04	水生和陆生生物的环境毒性研究(environmental toxicity studies on aquatic and terrestrial organisms)
05	水、土壤和空气中行为学研究(studies on behaviour in water,soil and air)
06	生物富集实验(bioaccumulation)
07	残留研究(residue studies)
08	模拟生态系统和自然生态系统的影响研究(studies on the effects of mesocosm and natural ecosystems)
09	分析化学和临床化学测试(analytical and clinical chemistry testing)
10	其他研究(other studies,specify)

一家农药产品化学方面的民营实验室获得比利时认证机构的第三方认证，成为我国首家民营 GLP 实验室。

农业部农药检定所多年来积极推进 GLP 实验室认证工作，并在申请以非 OECD 成员国的身份加入 OECD 的 GLP 资料互认体系，但目前仍然是观察员的身份。截止到 2010 年 3 月，南非、斯洛文尼亚、以色列和新加坡目前已经成为正式遵守资料互认体系的非 OECD 成员国。而马来西亚（新加入）、印度、阿根廷和巴西都还是临时遵守资料互认的非 OECD 成员国。正式的身份，可以享受被 OECD 成员国认可其 GLP 实验室研究报告的待遇，反之也接受 OECD 成员国的GLP实验室研究报告。

目前以非OECD成员国的形式加入资料互认体系的国家见表5-3。

表5-3 非OECD成员国加入GLP实验室资料互认体系（MAD）的情况

临时加入的国家	已正式加入的国家
泰国(第9个,2010年)	阿根廷、巴西、印度、以色列、斯洛文尼亚、新加坡、南非、马来西亚

农业部农药检定所农药GLP实验室认证工作取得主要进展包括：发布了农药毒理学安全性评价良好实验室规范（NY/T 718—2003）；农药理化分析良好实验室规范准则（NY/T 1386—2007）；和《农药良好实验室考核管理办法》(试行)。

近几年，中国私人机构建设GLP实验室的积极性很高，使国内GLP实验室数量增加很快。表5-4列出了国内目前已有的GLP（包括国内和国际认证的）实验室名单。

表5-4 中国境内GLP实验室名单（2012）

获得比利时认证的GLP实验室	
实验室名称	试验领域及认证时间
1. 北京颖泰嘉和分析技术有限公司	理化检测、分析与临床化学、稳定性试验,2006年5月第一次通过,2010年6月最近一次通过
2. Covance Shanghai	医药毒理、分析与临床化学,2011年7月第一次通过检查
3. 浙江德恒生化检测	农药理化检测、分析与临床化学、稳定性试验,2011年10月第一次通过检查
4. 上海允发农药理化检测	2011年7月第一次通过检查
5. 药明康德上海生物分析实验室	药代动力学、毒代动力学,hERG分析以及生物标记物分析,2011年5月第一次通过检查
6. 药明康德苏州实验室	毒理学、致突变研究,2010年6月第一次通过检查,2012年3月近一次通过
7. FMC上海农药理化检测	2006年10月第一次通过,2012年再复审通过
获得荷兰认证的GLP实验室	
8. MicroConstants China Ltd.	医药分析与临床化学,2011年1月第一次通过检查
9. 上海力智生化	农药理化检测、分析与临床化学,2011年9月第一次通过检查
10. 沈阳化工研究院安评中心	毒理学、分析与临床化学,2012年2月第一次通过检查
11. 沈阳化工研究院农药质检中心	理化检测,2012年2月第一次通过检查
12. 江苏龙灯理化检测	2007年第一次通过检查,2009年复评审,理化检测,2012年理化和生态毒理检测(鱼毒、蚯蚓、蜜蜂、植物和动物水藻)

近年来，国内 GLP 实验室发展迅速，相关主管部门也在推动国内 GLP 实验室的建设，这说明我们对质量控制的要求越来越高。由于 GLP 实验室强调的只是实验室管理方式和标准操作程序，并不保证所进行试验的科学性。因此，我们在建设农药质量控制 GLP 实验室的时候，需要把 FAO 的农药质量控制实验室建设指导以及农药质量控制指导都融入其中。

第六章
建立科学的农药分析方法

第一节 农药色谱分析基础

常见的色谱分析方法主要有气相色谱法和高压液相色谱法。色谱法的原理已有很多专著论述，本节并不想对色谱分析方法做详细论述，只想介绍一下在农药全分析和农药质量分析中经常遇到的几个重要问题，供大家参考。

一、利用色谱定性

色谱分析是一种微量分析方法。可以用来对未知组分进行定性和对已知组分进行定量分析。色谱定性的主要依据是：相同的物质在相同的色谱条件下应该有相同的色谱保留值。但是，反过来，在相同的色谱条件下，具有相同保留值的两个物质不一定相同。所以这种定性是有可能发生错误的。所以，为了更加可靠，可以采用改变色谱柱再次进行保留值比对的办法保证定性的准确性。目前随着质谱和红外光谱与色谱连接技术的发展，多采用色谱-质谱或色谱-傅立叶红外光谱定性技术。

1. 气相色谱定性

可以采用标样对比法进行。但是由于气相色谱的载气的流速以及色谱柱温度等的微小变化都会影响保留值，所以会产生不可靠结果。为了克服这些因素的影响，可以采用相对保留值定性和已知物增加峰高的办法来定性。相对保留值定性就是在相同的色谱条件下，利用待测组分与参比物的调整保留值之比（相对保留值）来定性，因为相对保留值不受载气流速和柱温变化的影响。

峰高增加法就是在待分析的未知样品中增加一定量的已知的纯物质，在相同的色谱条件下，做出色谱图，与加入纯物质之前的未知样品的色谱图对比发现峰高增加的色谱峰就是加入的纯物质的色谱峰。这种方法也能避免载气流速和柱温变化引起的误差。

还有一种定性方法就是双柱定性。就是利用极性差别尽可能大的两个不同的色谱柱对未知物进行分析，在两个柱子上保留值仍然相同的色谱峰应该是相同的物质。由于在非极性柱子上各种物质的出峰顺序是按沸点高低进行的，而在极性柱子上各物质的出峰顺序取决于其化学结构，所以双柱定性更有利于同分异构体的定性。

2. 液相色谱法的定性方法

与气相色谱相比，液相色谱的分离机制则复杂很多。如吸附和分配、离子交换、亲核作用和疏水作用等。各组分的保留值与固定相有关，还与流动相的类别和配比等有关（而气相色谱的载体比较单一，而且不影响保留值），气象色谱的保留行为规律不适用于液相色谱。液相色谱定性主要利用已知标准物对照法进行。就是未知物的保留值与已知标准物的保留值完全相同时，可以认为未知物与已知物相同，尤其是改变色谱柱或改变流动相组成时，仍然具有相同的保留值，可以据此定论。

此外，前述的峰高增加法也适用于液相色谱定性。

气相色谱和液相色谱与质谱的联机定性（定量）技术目前已很普遍，是农药原药 5 批次全分析中必不可少的技术。

需要强调的是，液相色谱法采用的二极管阵列检测器（Diode Array Detector，DAD）是进行液相色谱定性的有力武器，也是目前农药原药 5 批次全分析常用的。

色散型紫外-可见光检测器是常用的普通检测器，它与二极管阵列检测器不同。色散型紫外-可见光检测器是将氘灯光源发出的光，经过单色器（光栅式或滤光片式）分光，选择特定波长的单色光进入样品池，最后由光电接受元件（光电倍增管等）接收。这种检测器一次只能检测一个波长的光强度，因此叫单色仪。对比而言，二极管阵列检测器是多色仪（同时检测多个波长的光强度）。

氘灯光源发出连续光（全光谱），经过消色差透镜系统聚焦在流通池内，然后透过光束经会聚后通过入射狭缝进入多色仪。在多色仪中，透过光束在全息光栅的表面散射，并投射在二极管阵列元件上。检测器的阵列由 211 个或更多个二极管组成，每个二极管宽 50μm。

二极管阵列检测器通过其光电二极管阵列的电子线路快速扫描提取光信号，能在 10ms 左右的时间内测量出整个波长范围（190～600nm）的光强，其扫描速度远远超出色谱峰的流出速度，所以可以用来观察色谱柱流出物在每个瞬间的动态光谱吸收图（全波长扫描），即不需要停流而能跟随色谱峰扫描。经过计算机处理可以获得时间-波长-吸光值的三维光谱图。

二极管阵列检测器的应用如下。

① 色谱峰的定性。液相色谱法一般利用样品中待测组分的保留时间与标准物质的保留时间对比来进行定性。但是，这种方法得出的结论不是绝对正确的。

对传统的液相色谱方法来说，准确的定性还要依赖收集液相色谱流出液再进一步通过红外、核磁和质谱手段进行。而利用二极管阵列检测器进行色谱峰的定性就非常方便。在色谱峰流出的同时自动采集峰顶的紫外光谱图，与计算机数据库内保存的标准光谱图进行对照，完全重合的光谱图可以证明两者相同，反之，则是不同的化合物。

② 色谱峰纯度检验。实际工作中，经常会遇到判断某个色谱峰是否是纯物质峰的问题。普通的单波长检测器只能靠峰形状来判断，但是并不可靠，而利用二极管阵列检测器来鉴定色谱峰的纯度就非常可靠而且容易。利用色谱峰不同部位的光谱归一化是最常用的峰纯度鉴定方法。

光谱归一化就是分别在色谱峰的峰前沿、峰顶点、峰后沿三个位置采集光谱，通过直观比较或计算机计算纯度因子等方法可以显示出峰的纯度。

二、利用色谱定量

1. 常用定量方法

色谱定量分析的依据是被测物质的量与它在色谱图上的峰面积（或峰高）成正比。数据处理软件（工作站）可以给出包括峰高和峰面积在内的多种色谱数据。因为峰高比峰面积更容易受分析条件波动的影响，且峰高标准曲线的线性范围也较峰面积的窄，因此，通常情况是采用峰面积进行定量分析。

（1）**利用校正因子定量**　绝对校正因子 f_i 指单位峰面积所对应的被测物质的浓度（或质量）。

$$f_i=C/A$$

样品组分的峰面积与相同条件下该组分标准物质的校正因子相乘，即可得到被测组分的浓度。绝对校正因子受实验条件的影响，定量分析时必须与实际样品在相同条件下测定标准物质的校正因子。对同一个检测器，等量的不同物质其响应值（峰面积或峰高）不同，但是对同一物质其响应值只与该物质的量（浓度）有关。

相对校正因子 f' 指某物质 i 与一选择的标准物质 s 的绝对校正因子之比。即 $f'=f_i/f_s$。相对校正因子只与检测器类型有关，而与色谱条件无关。

（2）**峰面积归一化法**（area normalization method）　归一化法就是把所有出峰的组分含量之和按 100%计算的定量方法。采用归一化法进行定量分析的前提条件是样品中所有成分都要能从色谱柱上洗脱下来，并能被检测器检测。归一化法是将所有组分的峰面积 A 分别乘以它们的相对校正因子后求和，即所谓“归一”，被测组分 X 的含量可以用下式求得：

$$X(\%)=\frac{A_x f_x}{\sum_{i=1}^{n} A_i f_i}$$

归一化法的优点是简便、准确。特别是进样量不容易控制时，可以减少进样量变化对定量结果的影响。

归一化法主要在气相色谱中应用。因为气相色谱的一些检测器如火焰离子化检测器（FID）和热导检测器（TCD）对某些组分（如同系物）的校正因子相近或有一定的规律，从文献中可以查询或计算。

当校正因子相近时可以用峰面积归一化法直接进行定量分析。

对于液相色谱法，由于常用的检测器（UV 或荧光检测器）不仅对不同组分的响应值差别很大，不可能忽略校正因子的影响，甚至对某些组分可能没有响应（不出峰），所以很少使用归一化法。

掌握归一化法的原理及其适用范围便可以判断原药 5-批次全分析时采用归一化法的局限性和结果的可靠性。

（3）外标法（external standard method） 直接比较法（单点校正法）：将未知样品中某一物质的峰面积与该物质的标准品的峰面积直接比较进行定量。通常要求标准品的浓度与被测组分浓度接近，以减小定量误差。

标准曲线法：将被测组分的标样（已知浓度）配制成不同浓度的标准溶液，经色谱分析后制作一条标准曲线，即物质浓度与其峰面积（或峰高）的关系曲线。根据样品中待测组分的色谱峰面积（或峰高），从标准曲线上查得相应的浓度。标准曲线的斜率与物质的性质和检测器的特性相关，相当于待测组分的校正因子。

（4）内标法（internal standard methods） 内标法是将已知浓度的标准物质（内标物）加入到未知样品中去，然后比较内标物和被测组分的峰面积，从而确定被测组分的浓度。由于内标物和被测组分处在同一基体（matrix）中，因此可以消除基体带来的干扰。而且当仪器参数和洗脱条件发生非人为的变化时，内标物和样品组分都会受到同样影响，这样消除了系统误差。当对样品的情况不了解、样品的基体很复杂或不需要测定样品中所有组分时，采用这种方法比较合适。内标法多用于气相色谱分析原药或制剂中的有效成分含量，这也是因为气象色谱法多容易找到与待测组分响应因子接近的内标物，液相色谱法则不然，所以液相色谱法多用外标法定量。

选择内标物应注意以下几点：在所给定的色谱条件下具有一定的化学稳定

性；在接近所测定物质的保留时间内洗脱下来；与两个相邻峰达到基线分离；物质特有的校正因子应为已知或者可测定；与待测组分有相近的浓度和类似的保留行为；具有较高的纯度。

为了进行大批样品的分析，有时需建立校正曲线。具体操作方法是用待测组分的标样（已知含量）配制成不同浓度的标准溶液，然后在等体积的这些标准溶液中分别加入浓度（量）相同的内标物，混合后进行色谱分析。以待测组分标样的浓度（量）与内标物浓度（量）之比为横坐标，待测组分标样与内标物峰面积（或峰高）的比为纵坐标建立标准曲线（或线性方程）。在分析未知样品时，分别加入与绘制标准曲线时同样体积的样品溶液和同样浓度的内标物，用样品与内标物峰面积（或峰高）的比值，在标准曲线上查出被测组分的浓度（量）与内标物的浓度（量）的比值，并计算样品中待测物的浓度。

色谱定量一般都是根据色谱峰高或色谱峰面积进行的。一般而言，归一化法最好采用峰面积定量，其他三种定量方法采用峰高或峰面积定量都可以得到较准确的结果。足够的色谱峰分离度是获得准确定量前提条件，但是分离度对峰面积测量的影响比对峰高测量的影响更大。在分离度较好，色谱峰形也较好时，用峰面积定量最好。特别在气相色谱程序升温和液相色谱多元梯度洗脱时，最好使用峰面积法定量。反之，分离度不好，色谱峰形也较差时，用峰面积定量不如用峰高定量好。保留时间较短的峰，一般峰形较尖，容易测量峰高，用峰高法定量较好。对保留时间较长的峰，一般峰形较宽，峰面积测量比峰高测量更为准确，宜用峰面积定量。

（5）*标准加入法*　标准加入法可以看做是内标法和外标法的结合。具体操作是取等量样品若干份，加入不同浓度的待测组分的标准溶液进行色谱分析，以加入的标准溶液的浓度为横坐标，峰面积为纵坐标绘制工作曲线。样品中待测组分的浓度即为工作曲线在横坐标延长线上的交点到坐标原点的距离。由于待测组分以及加入的标准溶液处在相同的样品基体中，因此，这种方法可以消除基体干扰。但是，由于对每一个样品都要配制三个以上的、含样品溶液和标准溶液的混合溶液，因此，这种方法不适于大批样品的分析。

色谱定量往往是根据待测物质的标样作为对比物质而进行的，因为色谱分析不像化学分析一样依据特异的化学反应进行。没有标样，色谱定量分析就失去了可靠性。所以在农药 5 批次全分析中很多国家要求采用杂质标样对杂质进行定量分析。需要注意的是常说的标样（standard）与标准物质（reference material，RM）、基准物质（primary reference material，PRM）是完全不同的概念，需要加以区分。

标样是标准样品（reference sample）的简称。中国对标准样品的定义是：具有准确的标准值、均匀性和稳定性，经国务院行政主管部门或国务院有关行政主管部门批准，取得证书和标志的实物标准。标准样品分为两级：国家标准样品和行业标准样品。

农药分析常将农药有效成分或杂质的标样称为“standard”。内标物（internal standard）和外标物（external standard）都是用“standard”一词。标样一般需要来自权威的标样提供部门，否则其可靠性难保。农药分析证书或分析报告中对采用的标准样品来源应该进行详细描述。购买标样时，随标样应该附有标样分析证。

2. 分析方法的不确定度

测量不确定度是评价分析测试结果质量的一个衡量尺度。不确定度愈小，分析测试结果与真值愈靠近，其质量愈高，数据愈可靠。因此，测量不确定度就是对测量结果质量和水平的定量表征。在《校准和检测实验室能力的通用要求》（ISO 17025）中，指明实验室的每个证书或报告，必须包含有关校准或测试结果不确定度评定的说明。测量不确定度评定与表示方法的统一是国际科技交流和国际贸易的迫切要求，许多发达和发展中国家已经普遍采用测量不确定度评定。国际间的量值比对和实验数据的比较，更是要求提供包含因子或置信水准约定的测量结果的不确定度。为了与国际接轨，中国实验室国家认可委员会于2006年发布了《化学分析中不确定度的评估指南》，该指南给出了测量不确定度的定义：表征合理地赋予被测量之值的分散性，与测量结果相联系的参数。这个参数可能是标准偏差（或其指定倍数）或置信区间宽度。测量不确定度一般包括很多分量。其中一些分量是由测量序列结果的统计学分布得出的，可表示为标准偏差。另一些分量是由根据经验和其他信息确定的概率分布得出的，也可以用标准偏差表示。在ISO指南中将这些不同种类的分量分别划分为A类评定和B类评定。测量结果应理解为被测量之值的最佳估计，而所有的不确定度分量均贡献给了分散性，包括那些由系统效应引起的分量。

在实际工作中，结果的不确定度可能有很多来源，例如定义不完整、取样、基体效应和干扰、环境条件、质量和容量仪器的不确定度、参考值、测量方法和程序中的估计和假定以及随机变化等。在评估总不确定度时，可能有必要分析不确定度的每一个来源并分别处理，以确定其对总不确定度的贡献。每一个贡献量即为一个不确定度分量。当用标准偏差表示时，测量不确定度分量称为标准不确定度。如果各分量间存在相关性，在确定协方差时必须加以考虑。但是，通常可以评价几个分量的综合效应，这可以减少评估不确定度的总工作量，并且如果综合考虑的几个不确定度分量是相关的，也无需再另外考虑其相关性了。

区分误差和不确定度很重要。误差定义为被测量的单个结果和真值之差，所以，误差是一个单个数值。原则上已知误差的数值可以用来修正结果。此外，误差和不确定度的差别还表现在：修正后的分析结果可能非常接近于被测量的数值，因此误差可以忽略。但是，不确定度可能还是很大，因为分析人员对于测量结果的接近程度没有把握。

第二节 CIPAC关于农药原药和制剂色谱分析方法建立的指导

随着色谱方法在农药分析中的应用迅速扩大，对仪器的需要在增加，也导致有更多的色谱柱可供选择，试验参数也会变化。

尽管色谱分析方法能够满足农药生产商和供应商有限的特定产品的分析需要，但是由于色谱分析固有的复杂性，使得在全球范围的实验室内推行某个方法就可能产生问题。因为在这些实验室中，有很多不同的产品需要分析，但是对特定产品的分析熟悉度不够。分析方法的作者，如果想通过CIPAC协作研究使其方法适用于全球实验室，最好在内部开发的过程中就将分析程序简化（必须在协作研究之前）。

本文就是关于如何简化毛细管气相色谱（GC）和高效液相色谱（HPLC）分析方法的指导。重点要放在那些重要的分析参数上，因为通过改变这些参数就可以最优化方法的效能或者保持效能的稳定，以使变动最小化，其他参数不很重要。色谱柱的选择也被大大简化成一个短短的备选名单。本指导还涉及对溶剂、气体和内标物的需要和使用。

这些指导集中在色谱参数上，不是为样品制备提供指导，也不是为获得可被切实接受的高质量的分析结果提供指导。而这些内容在CIPAC的其他指导中进行阐述，如“为评价分析方法效能的协助研究程序指导”（Guidelines for CIPAC Collaborative Study Procedures for Assessment of Performance of Analytical Methods）和“支持农药制剂分析方法的验证方法指导”（Guidelines on method validation to be performed in support of analytical methods for agrochemical formulations）。但是，使用本文所说的“方法格式”（Mehod Format）的益处就是鼓励在CIPAC方法内部实行色谱参数的标准化布局。

一、毛细管气相色谱法测定农药制剂中的有效成分

1. 范围

毛细管气相色谱法（GC）用于农药制剂中有效成分的测定。

2. 方法摘要

有效成分的含量由毛细管气相色谱法测定，使用内标法定量。毛细管气相色谱分析方法主要使用分流进样（split injection）的方式采用中孔弹性石英毛细管柱（medium bore fused silica capillary column）和火焰离子化检测器（flame ionisation detection）。

3. 化学品

声明品级和推荐的供应商。

（1）安全信息　所有化学品都要按照正常的实验室安全步骤操作，要在通风橱内（hume cupboard）操作，并穿戴实验室外套、佩戴保护镜和戴手套。

如果对本方法中使用的化学品的性质和毒害作用有疑问，要查询有关的安全手册，如实验室化学品危害等级（第五版）（Hazards in the Chemical Laboratory，Edited by Luxon，Royal Society of Chemistry，Fifth Edition，1992，London，ISBN 0-85186-229-2）、西格玛奥德里奇化学品安全性数据（The Sigma-Aldrich Library of Chemical Safety Data，Edited by Lenga，Second Edition，1988，Milwaukee，WI，ISBN 0-941633-16-0）。

（2）有机溶剂，分析纯（一般是丙酮、丁基/乙酸乙酯或卤代烷烃）　理想的情况是该溶剂也能被用作提取溶剂，但是可能需要在开发方法的时候考察该溶剂是否能与待分析的有效成分发生反应。选择溶剂时不要选择有毒性担忧的溶剂。

（3）内标物，高纯度（98%以上）　内标物的挥发性和结构上的功能性对于获得方法的精确度非常重要，要保证内标物很容易在世界各地购得。高纯度的内标物有利于最大程度地减少可能的干扰。

（4）有效成分，有公认纯度的分析标样　保存在冰箱内（适当时）。

4. 仪器和操作条件

下面列出的仪器设备是用来建立该分析方法的。对其他仪器要保证适用，要确定方法能提供相当的效能。

① 仪器：GC 体系，配分流/不分流进样器和火焰离子化检测器，以分流模式操作。

② 进样模式：建议使用自动进样器以保证可重现的进样体积和速度。

③ 进样衬里：衬里的选择、包装量和类型，可以对精密度产生决定性影响。

衬里需要定期进行检查和更换，否则少量的挥发性物质会导致吸附或反应。所用的分流进样衬里在进行硅烷化之前必须先去污。

④ 进样负荷：0.5～2μL，通常是 1μL（注射器大小一般为 10μL）。

⑤ 柱尺寸：弹性石英；长度 10～25m；内径 0.2～0.25mm（0.32mm 也可能可以考虑）。

这些尺寸可以在柱效、分析时间和分析容量三者之间提供较好的折中。

⑥ 膜厚度：0.1～0.25μm（足够的固定相以最小化容量因子，同时保持柱效和最大限度地降低洗提温度）。

⑦ 固定相：交联二甲基聚硅氧烷。

该固定相比较稳定，适用范围广，在没有其他特别实用的固定相时都建议使用该固定相。

⑧ 其他推荐的固定相材料见表 6-1。

表 6-1　其他推荐的固定相

固定相	评价
交联 5%苯基聚硅氧烷和 95%二甲基聚硅氧烷	与二甲基聚硅氧烷固定相比较，对芳香化合物的选择性有改进
交联 14%氰丙基苯基和 86%二甲基聚硅氧烷	中等级性固定相，独一无二的选择性
交联 50%苯基和 50%二甲基聚硅氧烷	适用于中等极性的物质的分析
交联 50%三氟丙基和 50%二甲基聚硅氧烷	高度选择性固定相，用于卤代化合物的分离

⑨ 进样口温度。进样温度要确保被分析物降解最少而精密度最佳。

⑩ 柱箱温度。恒温（isothermal temperature）：农药有效成分在此温度下流出时间在 5～10min（氢气作载气）或 10～15min（氦气作载气）。较短的流出时间会导致峰效率（peak efficiency）和分离度下降。要保证所选温度在柱子生产商设定的限度之内。

⑪ 必要时可以采用温度程序以去除制剂中助剂的干扰

初始时间（Initial time）：初始时间要足够，以使有效成分和内标物完全流出。

升温速率：采用 GC 系统的最高斜率。

终温度：终温度不能超过柱子厂家设定的柱温限度范围。

终温度保留时间：时间要足够长以使所有组分都能流出。

⑫ 检测器温度：325℃或比上面的终温度高 25℃。

⑬ 气体过滤：所有气体必须经过分子筛净化。载气要经过一个氧捕集器进一步净化。

⑭ 检测器气体流速：根据生产商的建议。

⑮ 载气：载气为氢气或氦气。最好是氢气。使用氢气比使用氦气的益处是，对仪器要求没那么苛刻，分析时间更短。但是氢气可能会与还原性物质发生反应，如硝基化合物。

气体平均线性流速 45～55cm/s（氢气）；25～35cm/s（氦气）。

这些数值在推荐的内径范围内可获得最佳柱效能，如果分离度足够，还可以提高一些载气的线性速率以缩短分析时间。

⑯ 分流速度：60～250mL/min（氢气）；30～200mL/min（氦气）。

在上述范围内这个参数一般就不那么关键了。建议用“分流速度”（split flow）一词而不用“分流比”（split ratio），因为这样更容易设定分析方法。

⑰ 数据处理：积分参数的正确设定对于准确定义峰的起点和终点很重要。

5. 适用性

在使用之前无论是目前使用过的还是新的柱子都需要进行预处理。

重复进校准溶液（标样溶液）直至能够获得可以接受的、可重复的色谱图。

测量有限成分峰的保留时间［给出一个可接受的时窗，如（4.5±0.5）min］。

如果峰的保留时间不在给出的时窗内，也许可以通过调节柱箱温或柱顶压力来解决，但是调节范围只能在规定的数值内进行（例如，可分别是±10℃或±1psi），进一步的调节可能是不能接受的试验程序。

6. 测定

进一次样品溶液。

根据建议的进样顺序，重复进标准溶液和样品溶液。

如果在使用过程中，柱子的性能变差，需要检查分流进样衬里的情况，必要时更换新的衬里。如果柱子仍然不能令人满意，可以从进样端把柱子截掉约 10cm 的长度。

7. 方法验证摘要

(1) 精密度 方法需要说明与适当的有效成分含量相对应的最大允许标准偏差，如对5%的有效成分，允许的RSD<2.1。

(2) 准确度 方法需要说明与适当的有效成分含量对应的允许的回收率范围，如有效成分含量为1%～10%时，允许的回收率范围是97.0%～103.0%。

(3) 线性 方法要说明线性范围，如名义有效成分浓度的20%。

二、液相色谱法测定制剂产品中农药有效成分的含量

1. 范围

该高效液相色谱方法适用于农药制剂中有效成分含量的测定。

2. 方法摘要

在可能的情况下使用外标法测定有效成分含量。若使用自动进样器或满环进样器，外标物就不是必需的了，但是也可以使用外标物来保证样品溶液的精确配制。

该方法需要以下重要条件。

(1) 反相液相色谱法由碱脱活的封端十八烷基硅烷键合硅胶柱（可能的时候）。

(2) 柱温控制系统。

(3) 紫外检测（UV）。

(4) 在移动相中配制的样品。

3. 化学品（声明品级和推荐的供应商）

(1) 安全信息 所有化学品都要按照正常的实验室安全步骤操作，要在通风橱内（hume cupboard）操作，并穿戴实验室外套、佩戴保护镜和戴手套。

如果对本方法中使用的化学品的性质和毒害作用有疑问，要查询有关的安全手册，如：Hazards in the Chemical Laboratory，Edited by Luxon，Royal Society of Chemistry，Fifth Edition，1992，London，ISBN 0-85186-229-2。

The Sigma-Aldrich Library of Chemical Safety Data，Edited by Lenga，Second Edition，1988，Milwaukee，WI，ISBN 0-941633-16-0。

(2) 有机溶剂，高效液相色谱级（通常是甲醇或乙腈）。

(3) 水　遵照美国试验与材料协会（ASTM International）2 型水标准或 HPLC 级别进行纯化。

(4) 农药有效成分　有公认纯度的分析标样（适用时）。

4. 仪器和操作条件

下面列出的仪器设备是用来建立该分析方法的，对其他仪器要保证适用，要确定方法能提供相当的效能。

(1) 仪器　HPLC 系统，配有泵、自动进样器、柱炉和可变波长紫外检测器。

(2) 进样模式　为获得准确的进样体积，建议使用自动进样系统，或手动满环进样器。

(3) 进样体积　5～20μL。进样体积一般不是很重要的。要保证待测组分的响应在检测器的线性范围内。

(4) 柱尺寸　不锈钢柱；长度 100～250mm；内径 3～5mm。长度少于 100mm 的柱子可能会降低方法的可靠性。直径小于 3mm 需要专门设备。建议安装一个装填有适当固定相的短保护柱。

(5) 颗粒尺寸　名义颗粒尺寸 3～5μm。偏离该尺寸范围可能会引起操作上的或效能方面的问题。

(6) 固定相　用碱脱活的封端十八烷基硅烷键合硅胶柱。这是首选固定相，因为它适用于多种情形。如果能获得更好的结果，也可以使用其他固定相。

(7) 可替代的固定相　可替代的固定相见表 6-2。

表 6-2　可替代的固定相

柱子	评价
强阴离子交换剂(SAX)	用于阴离子交换色谱
强阳离子交换剂(SCX)	用于阳离子交换色谱
键合相硅胶(如氰基或氨基)	用于特殊目的
石英	用于正相色谱

(8) 柱温　温度控制在 40℃，保证恒定的保留时间。如果温度对于改善分离很重要时，可以使用其他温度。不要使用“室温”这样的词描述柱温。

(9) 移动相　可能的话，每个组分的浓度都用体积分数表示，分别度量有机组分和水性组分。pH 值对于可离子化的化合物可能很重要。一般要避免使用梯度洗脱，除非需移除那些强保留的助剂。建议对移动相进行脱气处理。

(10) *移动相流速* 0.5～2.0mL/min。针对柱直径选择适当的移动相流速，如对内径 4.6mm，流速选 1.0mL/min；对内径 3.2mm，流速选 0.5mL/min。

(11) *检测器波长* 在有效成分的紫外光谱范围内选择一个适当的波长，使斜率变化不大。建议使用离开移动相紫外截止波长（cut-off）10nm 以外的波长。

(12) *数据处理系统* 积分参数的正确设定对于准确定义峰的起点和终点很重要。

5. 适用性

无论新柱子还是老柱子在使用前都要进行预处理，标明移动相、时间和流速。

重复进校准溶液（标样溶液）直至能够获得可以接受的、可重复的色谱图。

测量有限成分峰的保留时间［给出一个可接受的时窗，如（6.3±0.5）min］。

如果峰的保留时间不在给出的时窗内，也许可以通过调节移动相解决，但是调节范围只能在规定的数值内进行（例如，移动相含 50%甲醇，甲醇浓度的可调节范围为±5%）。进一步的调节可能是不能接受的试验程序。

6. 测定

进一次样品溶液。

根据建议的进样顺序，重复进标准溶液和样品溶液。

如果在使用过程中，柱子的性能变差，更换保护柱，用后的柱子应该清洗后再保存起来。标明使用过的移动相、时间和流速。

7. 方法验证摘要

(1) *精密度* 方法需要说明与适当的有效成分含量相应的最大允许标准偏差，如对 5%的有效成分，允许的 RSD<2.1。

(2) *准确度* 方法需要说明与适当的有效成分含量对应的允许的回收率范围，如有效成分含量为 1%～10%时，允许的回收率范围是 97.0%～103.0%。

(3) *线性* 方法要说明线性范围。如名义有效成分浓度的±20%。

第三节 CIPAC 分析方法的扩展

一、引言

在农药制剂分析方法的语境中，分析方法范围的扩展可以这样定义：将某个标准的分析方法应用到另一个不同基质或不同浓度范围的制剂的分析。这种扩展通常都是由于在针对某个特定有效成分的协作研究结束以后又出了新的制剂，而由于时间和经费上的限制又不可能仅仅针对这一个制剂启动新的协作研究。另一方面，在没有进行任何检验的情况下贸然采纳一种分析方法也不符合标准化的要求。下面描述的步骤就是为了避免重要剂型没有标准化的分析方法。

二、定义

可接受范围（acceptability range）：待测样品浓度落在协作研究中所用样品被分析物浓度的50％～200％的范围内可被接受。

微小变化（minor change）：对分析步骤的微小改变，如样品溶液配制的微小改变，和/或色谱操作条件的微小改变（如在 HPLC 情形中对移动相改性剂的浓度做 10％的调整）。

大的改变（major change）：对方法基本原理的改变和/或色谱操作条件的重大改变。

专一性测试（specificity test）：一般都是采用空白制剂来证明使用某个方法（在不做改变的情况下）对新制剂的分析不会引起任何系统误差。

验证试验（validation study）：至少使用“新”制剂的 5 个样品在两个以上实验室之间对分析方法进行比较的研究。

完整研究（full study）：根据标准的 CIPAC 协作研究要求进行的研究。

三、步骤

第 1 步是核对是否已经有了针对所关心的制剂的 CIAPC 分析方法：

① 如果已经有了 CIPAC 方法，就直接进入第 2 步。

② 如果没有 CIPAC 方法，进入第 3 步。

第 2 步是核对要分析的制剂的有效成分浓度范围是否在原始试验所分析样品可接受的浓度范围之内：

① 如果在这个浓度范围内，进入第 7 步。

② 不在这个浓度范围内，进入第 4 步。

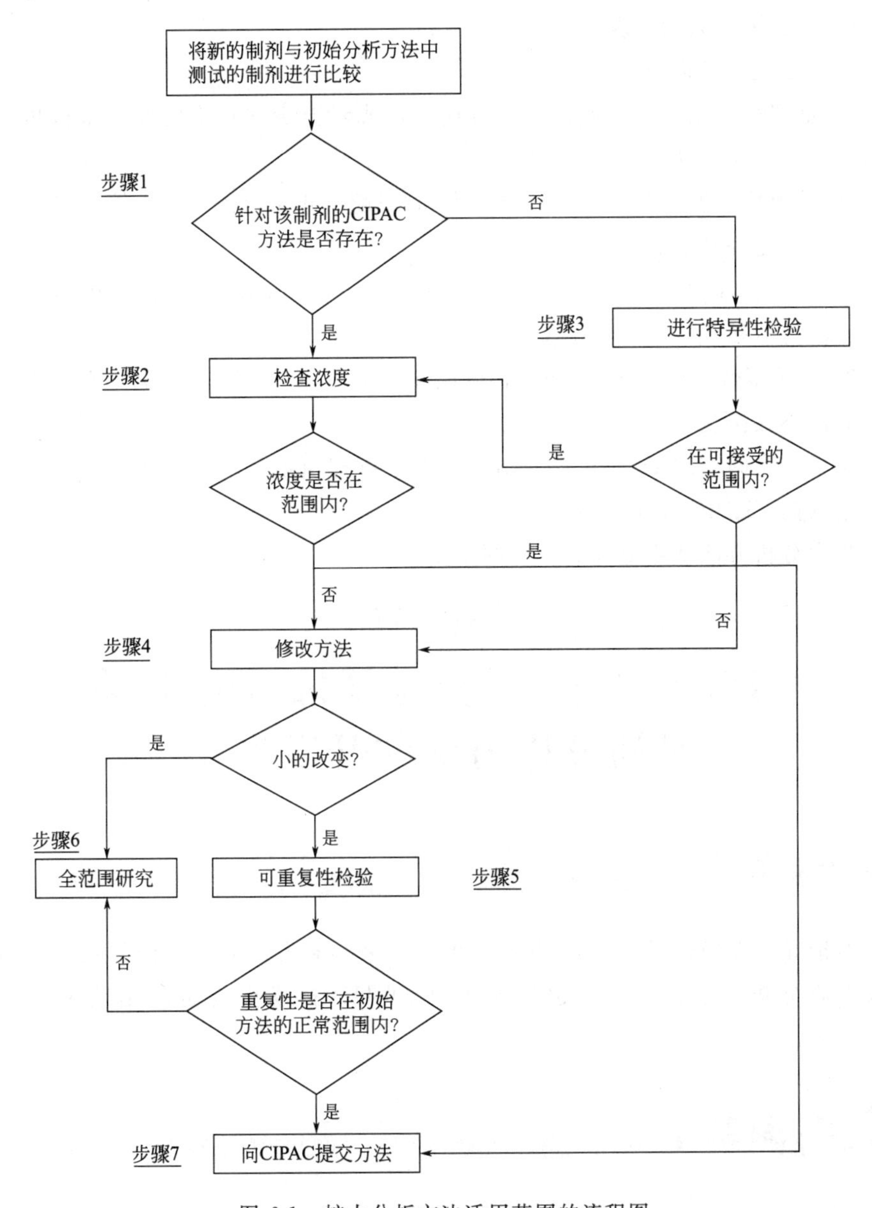

图 6-1　扩大分析方法适用范围的流程图

第 3 步是进行专一性试验：

① 被其他制剂接受的分析方法可以使用而且具有专一性，进入第 2 步。

② 方法没有专一性，进入第 4 步。

第 4 步是对方法进行修改使其具有专一性：

① 需要小的修改，进入第 5 步。

② 需要进行大的修改，进入第 6 步。

第 5 步是验证研究：

① 重现性数据与原始数据具有可比性，或者至少在正常的允许范围内，方法可用，进入第 7 步。

② 重现性数据与原始研究差异较大和/或超出正常范围，进入第 6 步。

第 6 步是完整研究：

① 可重复性（repeatability）和再现性（reproducibility）数据在正常范围内，方法可以接受，进入第 7 步。

② 可重复性（repeatability）和再现性（reproducibility）数据不在正常范围内，方法不被接受。

第 7 步是向 CIPAC 会议提交结果：如果有理由不采用上述程序进行方法扩展，建议向 CIPAC 反应实情。

扩大分析方法适用范围的流程图见图 6-1。

第四节 CIPAC 关于农药原药和制剂中相关杂质分析方法的开发指导

一、范围

本指导文件描述了 CIPAC 开发、评价、采纳和发表同行验证的农药原药中相关杂质分析方法的过程，也用于 FAO/WHO 标准中规定的制剂中的相关杂质。

二、引言

FAO 和 WHO 邀请 CIPAC 在其活动范围内考虑相关杂质分析方法的独立实

验室验证（independent laboratory validations，ILV）。

CIPAC同意了FAO和WHO的邀请，同意负责处理FAO/WHO标准中确定的相关杂质分析方法的开发等工作，因为CIPAC也看到了对这些方法的需要。因此决定方法的验证和开发也必须依照CIPAC分析有效成分的原则进行，因为不需要偏离以前的程序。所开发方法、结果及评价应该也提交给CIPAC会议讨论并可能被采纳。CIPAC主席将会把CIPAC的会议决议通知WHO和FAO。被采纳的方法（必要时会与CIPAC的备注一起）发表在CIPAC的网站上。虽然这些方法还可能在CIPAC手册上发表，但是从严格意义上说，这些方法不受CIPAC版权保护。原药或制剂相关杂质的分析方法没有“临时方法”或“正式方法”之说。

三、在同行验证之前开发分析方法

跟测定农药有效成分含量的方法一样，杂质分析方法草案也需要实验室内部的数据支撑，使其具有一定程度的可靠性。一般由开发方法的实验室产生一套方法验证数据。提交的数据必须在如下几个方面提供充分的信息。

① 用适当的方法对被分析物的身份进行确认。

② 专一性：对原药和所有推荐的剂型都有专一性。

③ 校准（calibration）：至少对三个浓度的样品进行两次重复测定。其中一个浓度应该是规定的杂质限度（one concentration should be the specified limit）。

④ 准确度（accuracy）：根据FAO/WHO标准中规定的浓度水平上至少进行两侧回收率测定。标准加入法是可以接受的。需要对原药和所有相关制剂进行测定，单个测定的回收率必须在如下范围内（SANCO/3030/99）：

含量范围/%	回收率范围/%
＞1	90～110
0.1～1	80～120
＜0.1	75～125

⑤ 可重复性（repeatability）：在FAO/WHO标准草案中规定的水平上至少重复测定5次。需要对原药和所有相关制剂进行。当制剂中规定的杂质限度与有效成分含量相联系时，只需要对最低值进行验证。应该采用Horwitz方程进行评价。

⑥ 方法的定量限（the limit of quantification，LOQ）：必须对原药和相关制剂均进行试验。有必要在验证注释中准确地说明定量限是如何确定的。

以上这套数据，也必须提供给参与独立实验室验证的各个实验室以及CIPAC。CIPAC将这套数据与下面的数据一起进行评价.

四、通过CIPAC网络进行同行验证

方法验证必须至少在三个独立的实验室之间进行。所选的实验室必须是没有参加方法开发的实验室，而且之后也不使用该方法。如果能满足这个标准，所选择的三个实验室中可以有一个实验室是属于申请者这个组织的。与CIPAC的完全试验（full trial）相比，每个实验室必须满足如下要求。

① 专一性（specificity）：对原药和相关制剂都必须显示专一性。

② 校准（calibration）：至少对三个浓度进行两次重复测定，其中一个浓度必须是指定的杂质限。

③ 准确度（accuracy）：在FAO/WHO标准中规定的浓度水平上至少进行两侧回收率测定，标准加入法是可以接受的。需要对原药和所有相关制剂进行测定。评价标准跟上面所述一样。

④ 可重复性（repeatability）：在FAO/WHO标准草案中规定的水平上至少重复测定5次。需要对原药和所有相关制剂进行测定。应该采用Horwitz方程进行评价。

⑤ 方法的检测限（LOQ）：必须对原药和相关制剂均进行试验。有必要在验证注释中准确地说明检测限是如何确定的。

根据有关文献的定义，可重现性（reproducibility）是不能至少在3个参与方法验证的实验室之间得到确定的。但是，修订的Horwitz方程可以用来判断方法的可靠性。邀请参加方法验证研究可以通过现有的CIPAC网络（CIPAC信息单）进行，但这不是强制性的。一旦有了方法和实验室内部验证数据，实验室就可以直接联系CIPAC秘书和主席。经过对方法和实验室内部验证数据以及对未决事宜说明进行检查之后，CIPAC秘书将发出信息单宣告以小规模的研究形式进行同行验证。通常这个信息单会包括有效成分、方法、仪器设备、样品数量以及要求返回分析结果的截止时间等资料。

感兴趣并愿意参加验证研究的实验室可以联系组织者，组织者相应地将方法、样品和要求的参考材料发给被选上的各个实验室，也可以通过公司自己邀请实验室参加验证试验，或者通过本国的PAC（农药分析委员会）邀请。但是验证研究的标准必须保持相同。

在接收到参与验证的实验室返回的分析结果之后，组织者采用CIPAC的文体准备方法草案和报告，报告内容包括统计数据和参与验证的实验室的名称和意见。组织者通常在下一次的 CIPAC 会议上介绍该方法和验证试验结果，以便大家讨论并有可能被 CIPAC 采纳。

第五节 CIPAC 农药制剂分析方法的验证

一、范围

本指导主要涉及制剂分析方法，但也可能用于原药中的有效成分分析，以及部分地适用于物理测试（见后文）。但是不适用于残留分析和痕量分析。本指导中的建议，虽然特别适用于向 PSD（英国农药管理部门）提交研究报告的目的，但也应该能满足欧盟统一原理草案（Draft EC Uniform Principles）对制剂分析方法验证的广泛要求。

二、定义

1. 误差

在该指导中方法验证所涉及的误差类型主要有如下几种。

（1）*随机误差*　这些误差通常很小，他们能引起分析结果在平均值周围分布。换句话说，这些误差决定了分析方法的可重复性（repeatability）和可重现性（reproducibility）。

（2）*系统误差*　这些误差造成分析结果的偏倚，因此导致分析结果的平均值高于或低于真值（即引起分析结果不准确的方法的某些特性）。

2. 精密度

精密度是测量随机误差的一个量，还可以表示为可重复性和可重现性，这些在 ISO 5725—1986E 中有定义。

（1）*可重复性*　指同一个操作者在相同实验室的相同仪器上在相对较短的时间间隔内采用相同的分析方法对相同的供试材料进行的相互独立的测试，获得的结果之间的接近程度。

（2）可重现性　不同的操作者在不同实验室的不同仪器上采用相同的分析方法对相同的供试材料进行分析，所获得分析结果的接近程度。

3. 准确度

方法的准确度是指测得的结果与样品中待测物的真值之间的接近程度。

4. 线性

测试方法的线性是指在一定的浓度范围内测试结果与被分析物在样品中的浓度（量）之间成正比例关系。

5. 专一性或特异性

方法的专一性是由能引起定量信号的待分析物来定义。

三、方法验证

必须承认，很多农药生产商将有自己内部的分析方法验证程序，那么生产商有责任保证其验证程序符合本指导的要求。

提交的方法验证数据必须说明如下事项：方法中被分析物的线性响应（内标法，如果合适的话）；对方法精密度的估计；对方法准确度的证明；证明农药制剂的赋形剂中没有干扰物；对待测物的定义（A definition of the species being determined）。

尽管方法的可重现性对于所推荐方法的广泛应用很重要，但是对可重现性的评价并不被该指导视为必须。如果需要的话，最好经过 CIPAC 或 AOAC 的完整的协作研究获得。

1. 线性

对被分析物的线性相应必须至少在一个范围内（被分析物名义浓度±20%）给予证明。至少要对三个浓度进行测定，每个浓度重复测定两次。获得的直线及其斜率、截距以及相关系数数据都要提交。测量的斜率必须清楚地反映出响应值与被分析物浓度之间的关系。分析结果不能明显地偏离线性，就是说在线性范围内（被分析物名义浓度±20%）的相关系数（r）>0.99。

如果情况不是这样，提交人必须解释清楚方法的有效性是如何保持的。在有意使用非线性相应的情况下，也需要提供解释。

2. 精密度

(1) 化学分析 (chemical analysis) 在本指导中，可以接受简单的重现性评价。至少要进行5个重复样品测定，并对分析结果进行简单的统计评价，包括相对标准差。如果认为合适的话，可以对极端值 (outliers) 进行适当的检验(比如 e.g. Dixons 检验或 Grubbs 检验，这两种检验都是用于判别异常数据取舍的)。但是，必须清楚地说明有没有舍弃分析结果，还要解释这些极端值为什么会发生。分析结果的可接受性必须经过修订的 Horwitz 方程获得：

$$RSD_r < 2^{(1-0.5\lg C)} \times 0.67$$

C 为样品中待分析物的浓度，以小数计（即不用百分含量表示）。

Horwitz 方程的偏差和工作例见本节文件一。

(2) 理化性质测试 (physico-chemical measurements) 测试物理或化学性质时，如果采用的是官方方法（如 CIPAC 或 OECD 方法），则无需再进行验证。当然这只适用于严格遵守官方方法的情形。如果使用其他方法，则必须对方法的可重复性进行证明，但是不一定需要服从 Horwitz 方程。

3. 准确度

测试方法的准确度，至少要通过对四个实验室制备的（自制的）含有已知量的待测物的制剂样品进行分析。分析结果可以采用 Students t-统计检验或其他可接受的检验方法进行评价（见本节文件二）。

4. 非分析质的干扰

来自非分析质的干扰在一定程度上被准确度的评价所覆盖，因为任何来自赋形剂的干扰都会对分析方法构成系统误差。然而，应该采用赋形剂空白样品进行测试，目的是证明没有干扰或者定量地证明干扰的存在。样品色谱图或其他结果必须提交。如果原药中存在已知的特定杂质，则必须要证明在所使用的分析条件下这些杂质对被分析质或内标物的峰面积贡献不大于3%。如果这种偏差确实存在，需要说明所提交的分析结果是否已经被校正。

5. 专一性

方法的专一性应该由待分析物质来定义。专一性通常可以通过对待分析物进行波谱检验（如 GC/MS、LC/MS 二极管阵列检测或者在峰收集后使用波谱检测）的方法确定。专一性的确定通常被用作有效成分的鉴定方法，或用作分析标样的验证方法。一般都是色谱方法。如果制剂分析方法是基于这些方法中的一种，则不需要重复这项工作。如果色谱方法是全新的，则需要确定方法的专一性。如果使用分光光度法，被分析物的鉴定可以通过光谱推知。在提交的资料中应该说明要测定的物质。如果做不到，需要给予解释。

四、一般注释

① 一个检测体系的线性响应范围通常是依赖于仪器设备的。如果某个方法被应用到不同的系统中去，需要重新检查线性。

② 如果所提交的方法表现低于该指导中规定的最低标准，则需要提交详细的解释，说明为什么所提交的方法可被接受。

③ 任何其他被认为对方法验证有用的数据，都应该提交。这可能包括重现性评价数据（如协作研究）或其他能够证明微小改变对方法可靠性影响不大的信息都要提交。

④ 验证数据对一种以上的制剂的适用性。一般地，验证数据被认为是适用于特定制剂的。但是，农药生产商通常会生产一系列非常类似的制剂，可能使用同一种方法类分析这些制剂。那么方法的互适性标准是：

a. 所有制剂都应该含有相同的（非常相似的）助剂。对助剂的任何定性改变都应该核查其可能带来的干扰。

b. 这些制剂必须在理化性质（如 pH）方面没有很大的差别。

c. 在分析溶液中有效成分的浓度必须保持在已经证明的线性范围内。

d. 助剂浓度的任何变化都不应该产生严重的干扰。在互适性验证条件下提交的任何方法都必须伴随着上述几个方面。

⑤ 所提交的任何方法验证都只能使用经验证的参考物质（或）作为标准物质。此要求不适用于内标法。

文件一　可接受的方法可重复性的 Horwitz 方程

该方程是由 Horwitz 等根据 AOAC 多年来所做的协作研究的实际情况确定的。

该文件所给出的例子使用 0.25%～100%这个范围。

方程是：$RSD_r(\%)=2^{(1-0.5\lg C)}$

式中，$RSD_r(\%)$ 是实验室间的变异系数（CV）；C 为样品中被分析物质的浓度（以小数计）。

所以，对 100%的纯样品，$C=1$，$\lg C=0$

因此，$RSD_r=2^{[1-(0.5\times 0)]}=2^1=2$

对纯度为50%的样品（如500g/kg WP），$C=0.5$　$\lg C=-0.3010$

因此，$RSD_r=2^{[1-(0.5\times -0.3010)]}=2^{1.1505}=2.22$

对其他纯度的样品，则：

20%，$RSD_r=2.55$

10%，$RSD_r=2.83$

5%，$RSD_r=3.14$

2%，$RSD_r=3.60$

1%，$RSD_r=4.00$

0.25%，$RSD_r=4.93$

Horwitz指出，RSD_r的数值（可重复性的CV）一般是在RSD_R的二分之一和三分之二之间。因此，在可重复性可接受性被建议为Horwitz值：$RSD_r\times 0.67$。

对上述数值，可以得出如下数值：

被分析物含量/%	Horwitz RSD_r	建议的可接受的 RSD_r
100	2	1.34
50	2.22	1.49
20	2.55	1.71
10	2.83	1.90
5	3.14	2.10
2	3.60	2.41
1	4.0	2.68
0.25	4.93	3.30

未经修订的Horwitz方程是目前被CIPAC使用的方法协作研究的可接受性标准。

文件二　准确度的评估

下面的步骤阐述了对分析方法准确度进行评估的途径。

(1) 方法的准确度可以通过对几个含已知量待分析物的样品进行测定来确定。这些样品必须是实验室制备的将已知量（与方法要求的量一致）的待测物加入到助剂中混合而成的样品。加入的待分析物必须是已知纯度的农药原药。整个样品都要进行分析以避免取样造成的误差。严格按照建议的方法至少要做4次回收率试验，获得的结果作如下处理：

① 计算平均回收率和回收率的相对标准差。

② 对回收率结果以及可重复性评估结果的RSD进行方差检验（F-test）以便证实回收率结果与估计的精密度的RSD之间没有显著的不同（因为样品的制备稍有不同）。注：F检验法是英国统计学家Fisher提出的，主要通过比较两组数据的方差，以确定它们的精密度是否有显著性差异。

③ 如果②是满意的，对回收率结果进行T检验（Student's t-test），即试图证明观察到的回收率（平均值）与加入浓度之间的差别仅仅是由随机误差造成的（即没有系统误差存在）。

（注：T检验是用于小样本（样本容量小于30）的两个平均值差异程度的检验方法。它是用T分布理论来推断差异发生的概率，从而判定两个平均数的差异是否显著。T检验是戈斯特为了观测酿酒质量而发明的。戈斯特在位于都柏林的健力士酿酒厂担任统计学家。戈斯特于1908年在Biometrika上公布T检验，但因其老板认为其为商业机密而被迫使用笔名：学生）。

$$|t| = \left|(\bar{x} - \mu)\frac{\sqrt{n}}{s}\right|$$

式中，$\bar{x}$为样品平均；μ为真值；n为样品个数；s为标准差。

在统计表里针对不同自由度（即样品个数－1）给出了t的临界值。如果获得的t值没有超过临界值，那么说明在给定的置信区间（通常95%即为满意）内没有系统误差存在。

(2) 对上面的公式重新整理可以求得平均值的置信区间。这个区间被定义为真值位于其间的一个范围（针对给定的置信度）。

$$\mu = \bar{x} \pm t\left(\frac{s}{\sqrt{n}}\right)$$

按下式计算“自制”制剂样品的回收率平均值：

$$回收率均值(\%) = \frac{测得的平均含量(\%) \times 100\%}{理论百分含量(\%)}$$

回收率平均值（%）应该落在下面范围内：

有效成分浓度（%）(名义浓度)	平均回收率（%）
>10	98.0～102.0
1～10	97.0～103.0
<1	95.0～105.0

(3) 在上述两种情况下，都要对全部自制样品混合物进行分析以消除取样误差。相同的程序也适用于已知组成的混合物的二级样品，但是必须指出的是，如果在取样时制剂样品不均匀，则会导致平均值的置信区间变宽。

（4）在很难复制待分析制剂的情况下（如片剂或块状饵剂），准确度的估计可以通过标准加入程序进行。在此情况下，必须给出关于标样如何加入的完整细节。

第六节 CIPAC分析方法的撰写指导

一、引言

CIPAC方法是给很多非英语母语国家认识使用的分析方法。方法的写作者必须时刻记住这一点，因此措辞要简单易懂，对操作步骤的描述也要清楚简洁而又足够详细和明白。

二、总则

CIPAC方法必须使用祈使语气来撰写，但是方法概要部分例外。这部分应该使用被动式描写。除非是国际通用的缩写词，否则不要随意使用缩写词。如果使用，需要在第一次使用时给予完整解释。

1. 使用注释

避免使用注释（note）。因为注释会分散读者的注意力。把要注释的内容融入到正文中，或者使用特殊段落或分段落来叙述想注释的内容。也不要使用注脚（footnote），唯一能使用注脚的例外就是在说明CIPAC方法的状态时（包括方法被接受的日期和准备方法的委员会）。

2. 单位、符号和术语

使用国际标准单位（SI units）、符号和前缀。如使用质量（mass）代替重量（weight），帕（Pa）代替毫米汞柱或托（mmHg或torr），用mg/kg（不是μg/g）代替ppm。用下列方式表示量的浓度（amount-of-substance concentrations）（IUPAC规则）：

$c(NaOH)=1mol/L$（以前是1N），$c(1/2H_2SO_4)=2mol/L$（以前是2N），

$c(1/5KMnO_4)$=0.1mol/L（以前是0.1N）。

其他溶液的浓度表示为：%(m/m)，%(V/V) 或 g/L。

当某溶液是通过另一溶液的稀释获得的，注意国际标准化组织（ISO）的惯例，即：$V_1 \to V_2$ 是指溶液 V_1 被稀释获得最终体积 V_2。V_1+V_2 是将 V_1 体积的指定溶液加入到 V_2 体积的溶剂中，不要使用 $V_1 : V_2$ 或 V_1/V_2。

使用国际标准化组织的农药通用名称。化学品命名要根据IUPAC的命名原则进行。在关于有效成分描述一节要加上化学文摘名称（CAS name)。在方法的正文中不要使用分子式。太长的名称可以缩写或用俗名或便名（trivial names）代替。在使用缩写名称或俗名时，需要在试剂部分给予解释。

三、格式

熟悉CIPAC方法格式的最便捷途径就是向CIPAC最新出版的方法手册中的实际例子来学习。要记住的是CIPAC方法是分析方法，不是标准。

1. 方法和互相参照的编码

所有的方法都要用CIPAC的编码体系进行识别，制剂类型使用国际植物保护联盟（GCPF)(注：现在改为CropLife International）双字母代码体系。如烯酰吗啉原药的分析方法代码是：483/TC/M/-。

原则上，每种制剂都应该有自己的分析方法。如果在各个制剂的分析方法之间没有没有差别，参考基本方法就可以了。在其他差别很小或有部分差别时，用下面的句子把正文缩短：

As for 500/TC/3. c except：……（ ）

As for 500/TC/3. c except substitute……for……

As for 500/TC/3. c together with：……

Proceed as for 500/TC/3. c beginning at "……"

Continue as for 500/TC/3. c from "……"

对不同制剂的分析方法排列顺序应该是原药、母药、可湿性粉剂、水分散粒剂、乳油、悬浮剂、溶液、粒剂、粉剂，浓度按降序排列，相似剂型应该归在一起。

2. 各部分内容的布置和安排

简短描述部分给出有效成分有关的信息，这部分应该放在目前尚无已发表的分析方法的新化合物的前面。这部分内容应该包括结构式、化学名称、CAS序号、分子式、相对分子质量，以及重要的一些物理常数——熔点、沸点、蒸汽压、水中溶解度，以及在重要溶剂中的溶解度。某些化学特性，如水解和稳定性也应该加入。

完成产品名单，并附带上纯化合物和/或原药的外观描述，并说明有什么制剂。

所有方法都按下面给定的顺序给出如下各部分内容。

（1）取样（sampling）　在此部分，要说明样品的量。如果需要采取特殊的预防措施，如为了获得均匀的样品，则需要在本部分说明。

（2）鉴别试验（identity tests）　至少要有两种依据不同分析技术的鉴别试验方法，其中之一通过用于定量分析的色谱方法的（相对）保留时间来鉴别待分析组分的。如果必要，则提供参考色谱图或光谱图。对分光光度技术，则需要将有效成分与制剂中的其他组分分开。可能时，都采用标准的措辞。

（3）有效成分（active ingredient）　在此部分，要准确地描述操作步骤，以及需要使用的材料和仪器清单。使用如下小标题。

① 方法概要。给出方法的分析原理，重要的分析条件（如测定用的吸收波长、外标法或内标法的使用），对最重要的操作给予简短描述。要提到在分析中起关键作用的化学物质，避免同时介绍太多的细节，使用过去式。

② 范围。这个小部分内容通常可以被省略。因为这个范围在每个方法上部的代码中已经被充分地说清楚了。只有在方法的适用性还有其他局限时，才需要这部分内容。

③ 试剂。给出方法需要的试剂清单。如果没有特别说明，所有实际都是分析纯的。需要的时候参考每个RE部分（CIPAC手册E）。使用国际标准化组织的标记法标明标准溶液的浓度（见前面所述）。所有化合物都使用CIAPC名称。对后面正文中要使用的名字很长的化学物质，在这里给出其缩写名。“内标溶液”和“校正溶液”也应该在此部分给出。在CIPAC方法中，“内标溶液”是指只含有内标物的溶液，然而“校正溶液”是指含有内标物加纯的标样化合物（在使用外标法时只含有纯的标样化合物）的溶液。

④ 仪器。在此部分给出最重要仪器的名单。仪器名称要用其功效来描述，不能使用商品名称或仪器生产商的名称代替仪器名称。一般不需要提到实验室常用的一些仪器设备，如天平、玻璃仪器（烧杯、三角瓶、移液管和容量瓶等）。

⑤ 步骤。用祈使语气撰写该部分内容。采用标准措辞描述称量步骤并说明需要的称量精度。采用下面方式表达量：

“Dissolve in dichloromethane（40mL），add by pipette internal standard solution 25.0mL），and dilute to volume”（溶解在40mL二甲烷中，用移液管加入内标溶液25.0mL，稀释至刻度）。

这部分内容的小标题举例如下：

(a) 操作条件（operating conditions）。用这种方式说明操作条件：色谱柱种类、柱尺寸、柱温、进样口温度、检测器温度、进样体积、气体流速、大概保留时间、需要的理论塔板数、分流进样或不分流进样、移动相组成、波长设定等。

(b) 校正曲线的制作（preparation of calibration curve）

(c) 检查线性（linearity check）

(d) 检查系统的适合性（system suitability check）

(e) 校准（calibration）

(f) 样品制备（preparation of sample）

(g) 测定（determination）

(h) 计算（calculation）。为了获得一致，可能时要在公式中使用标准的符号来计算有效成分的含量。保持最后的计算公式越简单越好。如果校准溶液的稀释液和样品溶液相同，可以省略任何稀释因子。如果加入到校准溶液中的内标溶液的体积与加入到样品溶液中的内标溶液体积相同（因此 r=q），r 可以从响应因子计算公式中省略，q 可以从计算含量的公式中省略。采用 g/kg 表示含量，但如果需要太多的小数位，也可以采用 mg/kg 来表示。

用可重复性和可重现性数据（方法研究时获得的结果）结束此部分内容。

⑥ 可重复性（repeatability）r=…. g/kg at…g/kg 有效成分含量

⑦ 可重现性（reproducibility）R=…. g/kg at…g/kg 有效成分含量

(4) 杂质（impurities） 如果被要求的话，就加入杂质分析方法，如被FAO/WHO农药标准要求。

(5) **物理测试后的有效成分测定**（determination of the active ingredient after a physical test） 如果在某项物理测试（如悬浮率、过筛试验）之后需要测定加工制剂或某部分样品中的有效成分的含量或浓度时，所使用的方法也要提及（要么提及特定制剂的方法，要么给出修改的方法）。尤其是对悬浮剂，正常的方法不一定能直接使用。在其他情况下，方法可能不得不需要调整到适用于某个不同的浓度水平。不要重复物理测试本身，但是要参考CIPAC的物理测试方法（MT）。

四、打字

这部分内容只是对最终的打印文稿给出说明。方法文本用 14 号的 Times New Roman 字体打印。使用单倍行距，左边距 3.5cm。居于中间的标题要用粗体大写字母。其他标题可以是粗体或者如本文件中的斜体。谨慎使用缩进式。只有当正文逻辑上需要时才另起一段。以适当格式提交电子版以及两份打印在 A4 纸上的纸质版。

五、图和线的绘制

只有在不可缺少的情况下，或者用文字叙述太长或太复杂的情况下才加上图和标准曲线。只要是有效成分的红外光谱而不是某个特定制剂的红外光谱，都可以在方法中提交。具有很容易辨认和完全分离峰的简单色谱图通常能提供的信息有限，而且容易被简单的几个保留时间和色谱参数如理论塔板数、峰分离等所代替。只有在情况复杂时才给出色谱图，如有偏离峰形和细节很重要时。

色谱图和光谱图应该嵌入到 WORD 文档中作为一个文件提交。

现代分析仪器的软件提供了将色谱或光谱转化格式并嵌入 WORD 文档的工具，如 Perkin Elmer 公司的报告经理软件（report manager）。

参 考 文 献

[1] FAO/WHO Joint Meeting on Pesticide Specifications (JMPS), Manual on Development and Use of FAO and WHO specifications for Pesticides, March 2006 revision of the first edition. WHO and FAO, Rome, 2006.

[2] CIPAC, CIPAC Handbooks.

[3] 中华人民共和国国家发展和改革委员会发布．农药产品标准编写规范（HG/T 2467.1-2467.20-2003），北京：化学工业出版社，2004.

[4] 汪正范编著．色谱定性与定量．北京：化学工业出版社，2000.

[5] CIPAC/3807R Guidelines on method validation to be performed in support of analytical methods for agrochemical formulations.

[6] Guidelines for CIPAC collaborative study procedures for assessment of performance of analytical methods.

[7] SANCO/3030/99 rev. 4, 11/07/00, Technical Material and Preparations: Guidance for generating and reporting methods of analysis in support of pre-and post-registration data requirements for Annex Ⅱ

（part A，Section 4）and Annex Ⅲ（part A，Section 5）of Directive 91/414.

[8] Boyer K W，Horwitz W，Albert R. Analytical Chemistry 57，454-9（1985）. Miller J. C. and Miller J. N. Statistics for Analytical Chemistry，Ellis Horwood，1988（2nd edition）.

[9] Guidelines for CIPAC Collaborative Study Procedures for Assessment of Performance of Analytical Methods（published through GIFAP）. International Standard 1SO 5725. Precision of Test Methods - Repeatability and reproducibility. Reference number：1S0 5725-1986（E）.

第七章
防止交叉污染，保证农药产品质量

农药制剂产品的生产是一个复杂的过程，除了需要保证生产出有效成分含量合格和各项理化性能指标符合标准要求的产品之外，更重要的是不能让产品中混入不应该有的任何其他物质或杂质。如果同一套生产装置同时用于不同产品的加工，那么在两个产品切换之间由于装置的清洗不彻底，就极有可能在下一个产品中混入上一个产品的残余物，这就造成了所谓的交叉污染。除此而外，农药制剂企业的生产车间或设备布局不合理（尤其是同时生产杀虫剂、杀菌剂和除草剂的综合性企业）也是造成农药交叉污染的原因之一。包装容器的不合理使用以及不合规范的产品贮存也可能造成交叉污染。国内某些生产企业在产品中故意添加隐性成分的不算做交叉污染，而是故意违法行为。

交叉污染是需要坚决杜绝的。交叉污染可能会造成极其严重的危害，农药制剂的交叉污染会对敏感作物、施药作物或非靶标作物产生药害，因此导致的事故可能危害到企业的生命。交叉污染问题是医药行业以及食品、饲料等其他行业非常关注的，都有相应的管理规章，但是交叉污染方面的工作国内农药行业还关注不够，更没有相应的规章，相关研究报道也很少。本章主要参考了植保国际(CropLife International)《实施交叉污染预防》的内容。建议国内农药企业认真学习《实施交叉污染预防》，针对自己的实际情况制定出企业内部的“防止交叉污染实施手册”之类的实际操作指南，并作为企业的规章制度严格执行。

一、什么是交叉污染

目前为止，还没有见到关于交叉污染的权威定义。Martin Clark 说交叉污染就是在农药产品中无意识地混入了其他农药有效成分并且等于或超过了其有效水平。

交叉污染会对敏感作物、施药作物或非靶标作物产生毒害作用，还可能会引发诉讼。交叉污染事故也会对整个农化行业的声誉和形象产生负面影响（CropLife)。

为了说明交叉污染的危害性，这里引用 CropLife《实施交叉污染预防》中的一个案例。

案例：不正确的清洁工艺引发的事故

① 有花农投诉说，他们培育的盆栽玫瑰在施用土壤除草剂后，叶子上出现了严重的褪色斑（醒目的白色）。这大大降低了这些盆栽植物的市场价值，并需要额外的人工去修剪枝叶以改善外观。

② 工厂在生产该土壤除草剂（悬浮剂）之前，生产过一种谷物除草剂，这种产品含有高活性的阔叶杂草除草剂成分，在杂草上最初表现的症状就是褪色。

③ 对土壤除草剂中所含的这种谷物除草剂的有效成分含量进行分析，结果表明其含量达 87ppm（$\times 10^6$），这个值远远高于它在玫瑰上的无可见作用剂量（NOEL）。

④ 当初的生产设备是由两班工作人员清洗的。

⑤ 第一个生产班组以正确的顺序清洗制剂釜和球磨机。对最后一次清洗液进行取样和分析，结果表明残留成分浓度低于所要求的限值。

⑥ 第二个班组应该清洗料斗。在干法清洁之后，料斗用软管冲水清洗并晾干。料斗的清洗液收集在第一个釜内，也就是在这个釜里进行下一个产品的配浆。配浆釜中的清洗液未按清洗程序要求排干，也没有告知下班人员该釜内含有被污染的水。

⑦ 这起事故导致 7 起来自玫瑰花农的高额索赔，外加三年时间的大返工。

除草剂的不当使用是最容易产生药害的，因此防止除草剂对农药产品的污染对于预防药害发生非常重要。除草剂对杀虫剂产品、杀菌剂产品或除草剂产品的污染是最容易导致产生药害的。上述案例就是除草剂污染除草剂的例证。

杜邦公司从 1994 年开始分析市场上的非专利公司生产的磺酰脲类除草剂产品。表 7-1 汇总了多年（至 2005 年）的分析结果，显示了交叉污染和杂质情况。在列出的 210 个样品中，有 49%的样品都含有浓度超过 100mg/kg 的磺酰脲污染物，有 75%的样品含有经鉴定的/未经鉴定的杂质，其含量超过杜邦公司登记的产品中的含量或者含量超过 0.1%。这些磺酰脲类污染物应该是“交叉污染”（表 7-1）。

表 7-1　磺酰脲类除草剂交叉污染调查结果

磺酰脲类除草剂有效成分	被分析的样品数量	含有超过 100mg/kg 磺酰脲类污染物的样品所占百分比/%	与杜邦公司登记的产品含有不同杂质(>0.1%)的样品所占百分比/%
苄嘧磺隆	34	41	82
氯嘧磺隆	14	79	100
绿黄隆	54	30	43
甲黄隆	57	53	75
烟嘧磺隆	2	50	50
玉嘧磺隆	2	1	100
甲嘧磺隆	2	50	100
氟胺磺隆	3	0	100
苯磺隆	42	69	100
总和	210	49	75

二、交叉污染给企业带来的风险

交叉污染是一个非常重要的问题，由交叉污染事故给农药用户和生产厂家带来的损失可能是毁灭性的。Martin Clark 说：

① 就农药行业来说，交叉污染可能是最大的风险。

② 交叉污染带来的风险甚至比化工厂的爆炸或气体泄漏等突发事件的风险还要大。

③ 交叉污染带来的风险高于一起交通事故。

④ 由于交叉污染产生的成本可能造成一个农药企业倒闭。

避免产生交叉污染的主要措施如下：

(1) 注重清洗　设备清洗是避免交叉污染的重要环节之一。为了保证清洗的有效性，首先要确定清洗水平，为此，需要了解获得登记的产品。

(2) 注重生产全过程（包括贮存和运输）的管理。

三、交叉污染的控制措施

以下内容摘自植保国际的《实施交叉污染预防》。

1. 生产操作

“有效的工作场所清洁”是成功进行交叉污染预防管理的基础。

(1) 鉴别进入生产现场的货物　检查装货单和分析证书，确保有安全技术说明书。

如果客户要求对进场的材料进行鉴别或质量控制（如化学的和物理的分析、视觉检查），就必须对其进行隔离放置。只有检查过质量控制的数据后，才能放行用于生产。

(2) 采取措施保证传输到生产现场的物料正确无误

① 分开贮存区。例如，除草剂的有效成分和原料要与杀菌剂的有效成分和原料隔离贮存。

② 仓库管理人员提货前，核查原料名称和批号。

③ 生产人员在生产地点收到仓库送来的货物时要对原料的产品名称和在生产批次卡上的产品名称进行比较。

④ 客户可能会要求执行此项任务的人员签字确认。

⑤ 应用条形码（如果已安装了此系统）。

(3) 可追溯性　每一批次生产的产品记录（批次卡）应包括：所使用的原料/有效成分，包括供应商使用的生产批号和数量；操作条件；生产批次的批号和数量；负责加料和材料确认的操作人员的名字和签名；客户可能规定产品记录保存的时间。

(4) 标识　对于所有的包装好的货物的标签至少包括产品名称、产品代码、生产批号、数量。

除此之外，用于销售的包装产品标签必须符合法规要求。

临时标签可以使用（假如最终的标签不能使用），但每个包装单位上面的信息至少包括产品名称和/或产品代码和产品批号。

客户可以决定他们是否接受包含上述信息的条形码，用可进行自动检测的条形码代替人工辨识的标签。

(5) 返工　没有书面的程序，不允许对以前生产的不合格的或过期的产品进行返工（包括混合/循环使用）。

在任何情况下，只有在客户完全同意的情况下才可进行返工。

(6) 多用便携式/可互换的设备　对于公用设备（软管、泵、工具、清洗设备如吸尘器等）的使用，要建立明确的书面程序，建立书面程序时要考虑如下几点。

a. 限制随意移动设备：在固体剂型生产厂，强烈建议在每个独立的生产装置使用专用的吸尘器。

b. 给每个生产设备贴上标签，以免相互混淆。

c. 对公用设备的使用要有可追溯性记录（即关于使用该设备生产的上一个产品名称及用后清洁程度的记录）。

d. 某产品或某族（系列）产品专用的软管和泵，要专门产品专门使用，不可串用。

(7) 留样　与客户说明并在客户同意的情况下，用书面程序写明什么样品需要保存，以及保存时间和贮藏条件。

冲洗材料或清洗液样品的保存不是常见的操作，然而，保存这些物质的分析结果的记录是非常重要的，如在协议记录保存期内的保留色谱图。

(8) 临时贮存罐　至少在整个生产过程中，临时贮存容器［集装桶(IBC)，ISO容器，散装罐］必须专用于某一产品。

在没有经过充分确认其清洁度的情况下，不要使用已经盛放过其他植保产品的集装桶或容器等。

必须要有临时贮藏容器的书面清洁程序。如果清洁是由别的公司（如 ISO 容器的清洗站）完成，必须描述如何检查确定容器的清洁程度，清洁公司必须出示清洁证明。

临时贮藏容器应贴上适当的标签，内容包括：原料、过程中间体或成品的名称、产品代码、生产批号、生产日期、产品量。

对空置的储存容器，要标明其清洁状态（清洁的/未清洁的）以及上一次清洗的日期。

(9) *清洁度的视觉检查*　确保在新的生产活动开始前，对生产设备的所有部件进行视觉检查，并做相应的记录。使用临时存储容器罐装下一个产品时也需要进行类似检查。要使用设计好的检查表并让操作人员在检查后签字。

(10) *生产装置/设备及工厂设计的修改*　无论何时，如需对生产设备进行修改或更新，要确保：更改管理程序就位，其中必须包括交叉污染预防方面的程序；设计的改变有助于生产装置清洁能力的改进，如改变小半径的管道弯曲，正确选择表面光滑的管道、槽（罐）材料，以便于拆卸；在更改完成后，要及时进行清洁并予以确认。

(11) *自我评估*　强烈建议定制加工厂使用“定制加工厂污染预防自我评估清单”（可参考 CropLife《实施交叉污染预防》）进行“自我评估”。

调查表完成后，应与所有客户进行讨论，因为它代表了定制加工厂在任何指定的生产装置上的最新的污染预防管理操作水平的情况，有助于客户在形成一个准确的印象基础上进行风险评估。

此清单同时也是一个判定污染预防管理工作应该进行哪些改进的工具，建立行动方案和确立优先次序以保证实现改进的目标。

在改变实施后，定制加工厂应对此清单进行更新。

2. 定制加工厂交叉污染预防自我评估检查清单

该自我评估系统将帮助定制加工厂评估其加工工艺和技术设备与交叉污染预防标准是否相符，员工是否胜任。对检查表中的任何问题的否定回答应该有相应的改进行动计划，或者解释为什么不需要改进。

该检查表除了供订制加工厂自查外，客户也可以根据检查表中列出的可能产生的交叉污染对定制加工厂进行审核。

自我评估或对定制加工厂审核的频率由每个客户和定制加工厂根据其交叉污染预防风险评估的结果来确定，还要特别注意到因交叉污染产生不良影响的事件。

当出现下列情况时，需要进行频繁的审核：

多功能混合装置所混合的产品发生了变化，即新的活性组分被引入到定制加工厂的产品目录中；改正与交叉污染标准相左的不合格项目的行动计划完成之后，仍需要频繁检查以确保不再产生交叉污染问题。

如果可以证明交叉污染预防的效果已经充分显示出来，设备和产品目录也没有发生改变，那么对定制加工厂审核频率则可以降低。

在交叉污染预防的自我评估或审核中，主审人员应该是外来的专家（如同一公司不同工厂的质量经理，或者是独立的交叉污染预防咨询师）。

清单的内容应包括：

① 管理责任；

② 信息交流；

③ 产品混合和操作类型；

④ 不同类产品分开；

⑤ 产品转换；

⑥ 建立文档；

⑦ 材料确定和可追溯性；

⑧ 提高清洁效率的设备设计；

⑨ 其他污染预防方法。

作者认为，除了对生产过程实施严格管理之外，产品贮存和运输过程管理也同样重要。

四、交叉污染的分析

以下内容摘自植保国际的《实施交叉污染预防》。

1. 产品中与清洗液中交叉污染物的分析

清洁标准值是后续产品中残留杂质（指上一产品的有效成分）的浓度（mg/kg），低于这一浓度，不会造成不良影响。

清洁标准值是指残留杂质在下一产品中的浓度，而不是清洗液内的浓度。无论何时，如果技术上可行，残留杂质的含量应在下一产品中分析测定，因为这给出唯一直接的证据说明后续产品中残留杂质含量低于要求的清洁标准值。在分析技术达不到的情况下，应该建立一种微量分析方法来测定残留杂质在最后一次清洗液中的含量。鉴于分析上的原因，清洁水平通常是由最后一次清洗液中残留杂质的浓度来确定，因为这样才是其含量的准确值。如果通常只分析清洗液，清洗有效性核准是必需的。

在分析残留杂质在最后一次清洗液里的含量与在下一产品中的含量的相关性时，一定要谨慎，通常这对于溶液类产品（如乳油、水乳剂等剂型使用相应的溶剂清洗）来说不是问题。但是可湿性粉剂、水分散粒剂和悬浮剂这些剂型易于结成硬壳，会形成污染多批产品的源头。如果不能用清洁用品将其彻底地清除掉，在清洗液中的残留量水平和下一产品中的污染水平就不具有相关性了。

2. 取样

定制加工厂应制定出书面的取样计划，与客户交流并得到认可，详细内容有：如何取样，如适宜的取样工具，盛放样品的容器类型；污染的样品存在很大的交叉污染问题，必须保证取样方法本身不会造成交叉污染（比如，使用污染的铲子、污染的取样瓶等）；操作人员必须培训正确的取样方法。

① 取什么样品：例如冲洗完设备中的清洁剂后，在最后一次清洗液里取样；对制剂釜或合成釜内的产品进行取样；当分析下一个产品中的残留杂质含量，在生产线上第一瓶包装好的产品中进行取样。

② 在哪里取样：在技术设备里的杂质可积累的关键点等地方进行取样；在特殊标记的取样点如阀、最终包装罐装点取样。

③ 取样量：样品须具有代表性，但取样量也应该尽可能少，因为取的样不能再回到生产过程中去（除非是客户允许的）。

3. 残留杂质的微量分析方法的建立

应该建立微量分析的方法，用于测定残留杂质在最后一次清洗液中和/或在下一产品内的含量。

应尽可能地向上一客户咨询，看他们是否能提供有关前一个活性组分的残留杂质的微量分析方法。然而，应该认识到分析方法是针对特定的分析仪器的。

实际操作过程中，质量控制或残留分析方法常常适用于残留杂质的痕量分析。

薄层色谱是一种简单、便宜、半定量分析方法，适用于后续产品中残留杂质的含量分析，但是，它的适用范围通常局限于转换产品允许前面产品活性组分残存量高于100mg/kg，残存杂质吸收紫外线被检测出。

如果清洁标准值低，气相色谱或液相色谱适用于分析后续产品中或清洗液中的残留杂质含量。

气相色谱-质谱联用方法或液相色谱-质谱联用方法或其他质谱和色谱联用方法适合于非常低的清洁标准值的测定（≪50mg/kg）。

气相色谱和液相色谱痕量分析方法应该在目标清洁标准值范围内验证线性关系和回收率：一个合适的经确认的清洗程序应给出清晰结果，它低于或等于目标清洁标准值。目标清洁标准值等于清洁标准值乘以安全系数已考虑可能的分析误差。

建议分析方法的定量分析限应该等于清洁标准值的 40%（即污染物允许残余浓度的 40%），但需注意这里所指的定量分析限不同于分析方法的检测限。

五、关于交叉污染物的浓度限制

理想的状态应该是农药产品不存在任何交叉污染物，但是实际上很难做到。既然交叉污染在所难免，那么就需要对交叉污染物的安全水平作出规定。这个安全水平被美国环保局称为“显著毒性水平”。美国环保局规定，产品中任何浓度的其他活性组分作为杂质和污染物，具有潜在的显著毒性水平时必须向环保局做出书面的报告，没有报告这样的杂质则违反美国农药法（FIFRA）的 12 部分之(a)(1)(c) 款。

除了美国之外，目前世界上还没有见到有关交叉污染物限制水平的规定。美国环保局对农药交叉污染的管理专门做出了规定（美国环保局农药法规第 96-8 号通告，1996）。美国环保局对农药交叉污染的认识如下：

① 承认交叉污染是一个事实，但并不是所有的交叉污染都是有问题的。

② 制定出一个明确的标准，可供环保局/政府及其他相关受控行业使用。

③ 确保所允许的交叉污染不要造成过度的不利影响。

④ 将环保局和登记申请者的文件工作负担减低到最小。

⑤ 始终对产品负责维护，从登记申请者到最终用户。

⑥ 不排除市场和个人的解决方法来纠正已经出现的问题。

那么如何决定交叉污染物的安全水平或者“显著毒性水平”呢？美国环保局认为一个以风险为基础的方法最可能符合目标要求。环保局把风险划分出几个端点（endpoint），包括人体的健康、混入食品、地表水污染及生态影响，以此来决定哪一端点对于交叉污染最为敏感，什么污染水平可以容忍，从而保护人体健康和环境不受影响。对于每一个端点，他们都做了一个分析来评估可能出现的最坏情况或一系列可能发生的最坏情况，看是否能够确定一个总体的污染安全浓度。环保局把污染物和农药分为几个类别来制作出一张有关显著毒性浓度的表格（表 7-2）。

下面的端点都需要考虑到。在大多数情况下对目标植物的药害是最敏感的端点，因此药害就是决定交叉污染物毒理学重要性的限制因素。

对人体健康影响：因为由一种特定的活性组分引起的交叉污染是间歇发生的事件，最有可能造成短期接触而已。因此环保局把注意力集中在那些可能操作受污染产品的个体上。对于人体健康风险的分析表明，交叉污染对人体的急性毒害风险是可以忽略的。虽然间歇的污染是最有可能造成交叉污染的原因，但是在很长一段时间内，在某种农药产品中受到相同活性组分污染的可能性很大。因此环保局认为长期暴露于交叉污染对人体健康造成的风险不大。

环保局也考虑了应用于人体的杀虫药对人体的污染（如驱虫剂），在通知规定的浓度下，得出了交叉污染对人体健康造成影响的风险几乎可以忽略不计的结论。

混入食品：理论上讲，污染可以造成食物和饲料中存在农药残留，残留限量未确定或已超过建立的限量。在这种情况下，依据食品、药品和化妆品法，食品和饲料可被认为是掺假的。环保局的分析表明这是一种极不可能发生的事件。另外，由于具有特定的活性组分的交叉污染是间歇发生和污染浓度很低的，环保局相信由于未知污染物质的潜在暴露或由于农药残留造成的饮食风险是可以忽略的。

地下水：在沙质土壤和水层较浅的情况下，地下水受污染的可能性增大。佛罗里达州农业部和消费者协会（DACS）利用一系列的关于渗透性、农药半衰期和产品使用率的保守假设，建立了一套初步的地下水污染模型。环保局接受了 DACS 的结论：虽然地下水污染的可能性存在，但不用担心，因为污染物浓度在允许的范围下，转移到地下水中的浓度不会对人体健康造成严重的危险。

生态影响/危害植物的毒性：在对交叉污染的潜在生态危害（如对鸟、水生物、植物）的初步调查的基础上，环保局认为植物药害或者危害植物的毒性对于相对低浓度的污染物来说是最敏感的部分。环保局认为植物药害可能是危害生态环境的最大潜在因素。环保局的毒性分析集中在交叉污染农药直接使用于陆地植物，因为这个情况相对于其他暴露路径如流失农药暴露和偏离目标作物暴露，更能代表最高的暴露水平。

环保署以植物毒害性为关注端点进行了数个风险分析来决定合适的显著毒性水平（表 7-2）。

表 7-2　美国环保局规定的农药交叉污染显著毒性水平①②

种类	污染物类型	被污染的农药类型	显著毒性水平③(mg/kg)④
1	杀虫剂⑤、杀真菌剂、灭螺剂及杀线虫剂	任何杀虫剂、杀真菌剂、灭螺剂、杀线虫剂、除草剂、植物生长调节剂、落叶剂及干燥剂	1000
2	除草剂、植物生长调节剂、脱叶剂及干燥剂	在污染物被接受使用的所有场合使用的任何农药(其标签也允许使用)⑥	1000
3	除了低施用剂量除草剂⑦以外的所有农药⑥	杀微生物农药	1000
4	正常施用剂量的除草剂⑧、植物生长调节剂、落叶剂及干燥剂	所有除草剂、植物生长调节剂、落叶剂、干燥剂	250
5	所有农药⑥	适用于人类身体的杀虫药⑥	100
6	正常施用剂量的除草剂、植物生长调节剂、脱叶剂及干燥剂	所有的杀虫剂、杀真菌剂、杀螺剂及杀线虫剂	100
7	低施用剂量的除草剂	低施用剂量的除草剂	定量水平⑨或 100mg/kg，或数值大者
8	低施用剂量的除草剂	普通施用剂量的除草剂、植物生长调节剂、脱叶剂及干燥剂	定量水平⑨或 20mg/kg，或数值大者
9	低施用剂量的除草剂	除草剂、植物生长调节剂、脱叶剂及干燥剂之外的农药⑥	定量水平⑨或 1mg/kg，或数值大者

注释：

① 依据本通告，污染物是没有列在产品配方中的保密声明部分的一种活性组分或列在杂质讨论部分的活性成分的污染物。

② 以下污染情况是被本通告排除在外的：

a. 作为污染物或被污染产品的灭鼠剂。

b. 在发酵罐中制造的以及被活性微生物农药成分污染的微生及生化农药。

c. 被其他植物农药的活性成分所污染的植物农药。

环保局意欲阐明本组织对于显著毒性的杂质水平的早先的立场，这一定义也适用于其他农药活性组分污染那些被此公告排除在外的农药的情况。换句话说，这三种被排除在外的农药中的任何浓度污染物都被认为具有潜在的显著毒性，都必须向环保局提出报告。

③ 此专栏介绍了显著毒性的水平，也就是，浓度在环保局规定的浓度或在此规定浓度之上的都被认为是显著毒性的污染物。

④ 浓度被定义为以 mg/kg 为单位，根据污染物质量含量与制剂产品质量之比。

⑤ FIFRA 中对于微生物及未被科学分类法分类的节肢动物均定义为昆虫。

⑥ 短语“所有农药”和“某种农药”不包括在②中被特别去除的农药种类。

⑦ 依据本通告，低施用率的除草剂被定义为标出的最大的活性成分施用量低于或等于每英亩 0.5 磅除草剂活性成分。

⑧ 依据本通告，普通施用率的除草剂被定义为标出的最大的活性成分施用量大于每英亩 0.5 磅活性成分。

⑨ 依据本通告，量化水平是指环保局或者其代表可完成的量化水平，使用了当时便于规章执行的一种分析方法。

可见，美国环保局在制定交叉污染物的允许浓度时主要是依据交叉污染物可能造成的植物药害的浓度来确定的。如果具体到工厂生产的某个产品时，在控制交叉污染时我们可以有针对性地制定相关标准。即根据工厂同时生产的产品种类，针对目标产品的靶标作物进行药害试验，找出能产生药害的最低浓度，并据此浓度制定出允许的交叉污染浓度（要比最低药害浓度高，即加上一个安全系数）。如何科学地确定交叉污染物浓度，尚需要进一步的科学研究。

参 考 文 献

[1] CropLife，实施交叉污染预防．第二版．2008.

[2] Martin Clark. Reducing Plant Protection Product Cross Contamination Risk，Oct，2012. Proceedings of 2012 International Agrochemical Symposium. Shanghai.

[3] DuPont Crop Protection Sulfonylurea Herbicides：Our Commitment to Quality，2005. DuPont.

[4] 美国环保局农药法规第 96-8 号通告，1996.

第八章 规范标签，保证农药产品质量

因为农药是非常特殊的商品，因此它的产品标签具有非常特别的意义和特殊的重要性，这一点是不难理解的。因此，农药标签作为农药商品构件的一部分需要给予特别的关注。因为农药标签是农药管理和登记审批的结晶，它对于农药产品的安全运输、使用、废弃物处理以及科学用药都有重要的指导意义和法律保证。在国际贸易中，对农药产品的标签的设计、印刷、粘贴等需要根据国际惯例或国际准则认真对待。《国际农药管理行为守则》中对农药标签和包装也有专门要求。

第一节 农药标签的概念

《国际农药管理行为守则》给农药标签的定义是："黏贴在农药内包装以及外包装上或随附的，或者零售包装上附着的书面、印刷或图示材料"。

一、对标签的要求

一般关于标签的设计都在农药法或农药登记条例中有专门规定。还可以向客户索取对方国家农药标签样品供参考。多数国家都有自己的标签管理规定。美国有专门的标签手册，澳大利亚有标签指导，马来西亚的农药法（1974）及新西兰农药法（1979）对标签的设计制作有非常详细的要求。中国 2006 年 12 月 7 日发布了新的《农药产品标签通则（GB 20813—2006）》并于 2007 年 11 月 1 日开始实施。马来西亚农药法（1974）中对农药标签的制作提出的要求包括商品名称及其命名要求，每个包装中农药净含量及含量表示单位，制剂中有效成分含量及其表示方法，中毒症状及其叙述语，生产日期及其写法，警示语，毒害标志，注意事项，使用指导，标签应采用的语言，标签粘贴，计量单位等。新西兰的农药法（1979）不但对标签上应出现的信息进行了规定，还对不同毒性水平的农药产品标签上应该出现的警示语如警告（warning）、注意事项（precaution）、急救措施（first aid）和中毒症状（symptom of poisoning）等提供了"标准叙述语"（standard statement）。就是说，每个国家对其标签的格式、内容及语言都有规范要求。关于农药标签上的毒害标志及警示语的叙述方法，WHO 有一个指导性标准，见表 8-1。各国都根据这一标准进行适当的修改，形成自己的要求。如马来西亚根据 WHO 的标准对不同毒性级别的农药使用的毒害标志及警示语也作出自己的规定，并要求将"Warning"和"Caution"印在不同颜色的色带上。按

表 8-1　WHO 农药急性毒性分级和毒害标识

毒害分类	毒害声明	毒害标识	色带颜色	标识和文字	LD_{50}[1]/(mg/kg)			
					经口		经皮	
					固体	液体	固体	液体
剧毒(Ⅰa)	Very Toxic		PMS[2] RED 199 C	VERY TOXIC	≤5	≤20	≤10	≤40
高毒(Ⅰb)	Toxic		PMS RED 199 C	TOXIC	5～10	20～200	10～100	40～400
中等毒(Ⅱ)	Harmful		PMS Yellow C	HARMFUL	50～500	200～2000	100～1000	400～4000
微毒(Ⅲ)	Caution		PMS Blue 293 C	CAUTION	>500	>2000	>1000	>4000

① 指对鼠毒性。

② PMS=Pantone® Matching System（国际标准色卡）

毒性由大到小顺序依次用黑色（Ⅰa)、红色（Ⅰb)、黄色（Ⅱ)、蓝色（Ⅲ）色带，第Ⅳ级不用。

中国的毒性分级标准是大家较熟悉的，这里不再赘述。毒性标志也与WHO推荐的一致，高毒和剧毒都用骷髅和交叉长骨（skull & X-bones）表示，中等毒用“×”表示，低毒则用红字注明“低毒”。

二、农药标签上的象形图及其使用方法

由于农药种类不同，不同国家的农药使用者的文化水平、受训练程度及专业水平等不同，有些使用人员不一定能有意识地采用合理、谨慎的态度，也并不一定总能阅读或完全理解农药标签上的警句及使用建议。象形图的设计就是为了帮助农药使用者准确地阅读和理解农药标签上的内容，为此GIFAP和FAO共同设计完成了一整套象形图。这一套象形图是根据农药使用过程中的几个方面如贮存、配制及施用过程和施用之后应注意的问题设计的。FAO和GIFAP已向各国政府及农药生产者推荐在农药商品标签上使用这套象形图，并要求向农药使用者进行宣传教育。但要注意：首先，象形图仅仅是农药标签上的文字的扩展及补充说明，绝不能取代标签上的文字内容。其次，虽然象形图有助于对文字说明部分的理解，但要注意不能用过多的象形图弄乱了标签上的重要内容。第三，使用象形图时绝不能与国际上的有关规定相矛盾。常用的象形图如下。

贮存象形图：

放在儿童接触不到的地方，并加锁

操作象形图：

配制液体农药时

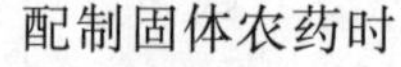
配制固体农药时

喷药时

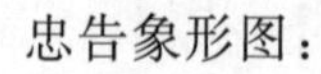
忠告象形图：

戴手套

戴防护罩

戴防毒面具

戴口罩

穿胶靴

用药后需清洗

警告象形图：

危险/对家畜有害

危险/对鱼有害，不要污染湖泊、河流、池塘和小溪

象形图应用黑白两色印制，通常位于标签的底部，象形图的尺寸应与标签的大小相协调。每个农药商品上象形图的使用应根据使用该药时的安全措施的需要而定。允许不同农药有关配制和喷洒农药的忠告象形图存在差别。下面是各种象形图的使用方法。

此图表示“放在儿童接触不到的地方，并加锁”。所有的农药商品标签都必须使用此象形图，并将其放置在所有象形图的最左边。

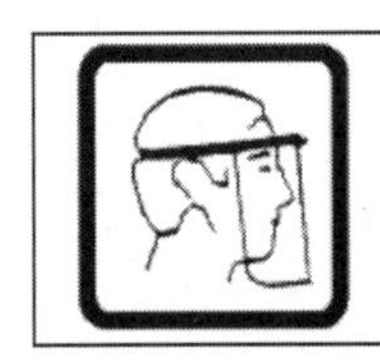

此组合图是从农药包装容器中倾倒配制农药的操作象形图，应放在标签左边，与其左边有关的忠告象形图组（戴手套和戴保护镜）配合使用，并用一清楚的框将它们围起来，表示它是相关联的。本象形图组合表示配制液体农药时应戴手套和保护镜。

这是喷洒农药的象形图与忠告象形图（戴手套和穿胶靴）的一种组合，并用框包围起来，此组合表示施用本药剂时应戴手套和穿胶靴。此组合应放在标签的右半边。

这是表示“用药后需清洗”的象形图，所有标签上都应印上此图，应位于标签上有关农药施用的象形图组的右边。

这两张是关于施药对环境影响的象形图。必要时，可将其印于“用药后需清洗”的象形图的右边。

如果将一条危险毒性警告标识色带用于标签时，可以将象形图放在此色带内。如果出现了一个完整的毒性警告标识色带和毒性标志（如骷髅和交叉长骨），象形图可印在标志色带内，同时可加上有关的警句。

FAO推荐的毒性警告标识色带有四种。一种是红色，用于高毒或剧毒农药的标签上；第二种是黄色的色带，表示“有害的”；第三种是蓝色色带（表示“应小心使用”）；第四种是绿色的，表示比较安全的农药。

第二节 FAO对农药标签的建议

一、FAO对标签的定义

在FAO于1995年出版的《FAO农药标签规范准则》中，给标签的定义如下：“标签是一种被牢固地粘贴在容器上的文字、印刷物和图示，伴随在包装容器内的活页印刷品也应属于标签”。标签必须能够抵抗运输、贮存和使用过程中的磨损、撕裂等。标签印刷和标签材料的使用具有同等的重要性，因为从产品生产到使用的几年贮存期内可能发生降解，也可能发生变质。没有完整的、字迹清楚的标签的农药包装似乎是相当危险的。

二、对标签内容的要求

农药标签必须告知用户如下信息：

① 容器里装的是什么和它的危险性的描述。

② 当操作和使用该产品时需要什么安全警句和适当的急救处理。

③ 容器中的产品如何使用，什么时间使用，在什么地方使用。

④ 如何混合产品。

⑤ 如何清洗器械和如何贮存或处理不要的和剩余产品。

⑥ 应负什么样的法律责任。

⑦ 制造商、推销商或团体的名称，地址、登记许可。

⑧ 同其他适宜产品的相混性。

⑨ 合成和加工日期

农药标签应是生产商和购买者之间互相交流的可靠途径，在标签上的所有内容应该是准确的。这一点很重要，不能有脱离实际的描述或误导购买者或使用者。

批准标签的当局不仅应审查标签正文和设计，而且要求包装的物理性能的资料。

三、FAO《农药标签规范准则》进展

农药标签是生产厂家或供应商与用户之间非常重要的有时甚至是唯一的沟通媒介。农药标签的目的就是为用户提供产品使用建议以及产品可能有的毒害及操作信息，保证产品能被最有效地使用和最大限度地降低风险。因此，农药标签应比一般化学品的标签具有更详细的信息。而且农药标签是各国农药登记过程中进行的风险评价结果，一般是具有法律效应的文件。

历史上，农药标签已被标准化到一个很高的程度，而且全球农药标签的内容已经在很大程度上类似，这些都有赖于各国政府、农药厂商以及国际组织如FAO和WHO开发了综合而易懂的标签。

FAO首次于1985年发表了其《良好农药标签指导》(Guidelines on Good Labelling Practice for Pesticides)并于1995年进行了修订，把实地检验过的象形图加了进去，这些指导是给那些标签制作者以及政府审农药登记批机构参考的。

为了改进对农药标签的理解，尤其是对那些阅读能力有限的农药用户，FAO和农药生产商协会(即以前的GIPAP，现在是Crop Life International)与20世纪80年代中期开发了农药专用的象形图，这些象形图在世界上的主要地区进行了实地检验，以保证它们容易被不同文化和语言的用户理解。于是形成了一套说明农药使用和风险降低措施的象形图，这套象形图后来被全世界广泛接受并应用于农药标签上。此外，根据WHO建议的农药毒害分类颜色编码也被采用到标签上，进一步地加强了对农药毒害的诠释。FAO也强调连文盲都能理解的全球统一的农药标签的重要性，而且将会继续推进这种统一工作。

《全球化学品统一分类和标签制度》(GHS)标签所要求的信息也是FAO和农药业界推荐的应该在农药标签上出现的一系列基本信息。因此，GHS的要求也不希望改变标签的内容。GHS的某些警示语、毒害声明和象形图与农药标签上目前实际使用的不同，农药标签还需要进行某些修改。FAO基本上同意进行这种修改，前提是他们的可理解性经过适当的实地检验，并同时开展有效性检验和确立认知等活动。然而，可能需要一些分类改变，如GHS把最终产品区分为桶混助剂(adjuvant)、惰性组分、其他副产物和有效成分。对FAO而言，有什么机制能够保证在不同国家的不同管理机构评价农药登记数据时能够坚持一致的农药分类，还是不清楚的。还有一个需要进一步研究的问题是，使用毒害为基础的标签还是风险为基础的标签。如上所述，风险评价是农药登记的中心原则。GHS也承认以风险为基础的评价可以作为分类和标签的基础，尤其是对慢性健康毒害。然而，GHS规定急性健康毒害、环境和物理毒害必须是以毒害为基础的，这种方法在很大程度上与实际农药标签(急性毒性和物理毒害都已经在经过毒害为基础的评价之后使用到标签上了，例如使用WHO建议的农药毒害分类)相对应。而且，目前使用的象形图中很多也是以毒害为基础的，而不是以风险为基础。

然而，与GHS相反，标签上的环境警示和风险降低措施倾向于以当地条件下推荐的农药使用方法进行的风险评价为基础。如上所示，这是因为农药是很明确地释放到环境中，而且主管部门给出的环境毒害评价的范围通常是很局限的。如何在农药领域保持GHS的原则与农药管理者的长期实践相一致，还需要进一步讨论。

FAO目前正处于更新农药标签指导的过程中。作为工作的一部分，在2006

年7月将一份调查问卷分发给了各成员国，评价GHS在农药标签上已经被应用的程度，以及做出了什么样的法律和行政变化。调查结果清楚地表明，FAO象形图和WHO建议的农药毒害分类（WHO Recommended Classification of Pesticides by Hazard）将继续被使用，尤其是在发展中国家。新的《农药标签规则》已经于2012年在FAO/WHO会议上获准通过，但至今尚未公开发布。

FAO承认只有一个全球统一的农药标签制度的重要性，以保证人们甚至跨境的人们对农药标签的理解，因为农药的贸易遍布全球。标签上必不可少的信息，如农药使用和操作以及农药毒害和风险等，都必须以文字和象形图和/或色带的形式展示出来。所以除了GHS象形图之外，现有的已经经过广泛检验和使用的农药标签象形图应该继续使用。GHS的采纳和执行，为进一步加强和统一农药分类和贴标提供重要的机会。它也强调了化学品毒害信息有效交流的重要性以及存在的困难。GHS通过堆积木的方式和自我评价的方式给各国主管部门的灵活性可能会导致不同国家在分类和标签上的不一致，而这种不一致是应该避免的。FAO和其他利益相关者在检验和改进农药标签的易理解性方面获得的经验，以及对农药特殊用途和警告象形图开发方面的经验，已经证明有效的标签是提供使用建议和毒害信息的重要手段。因此，FAO欢迎GHS附录中提供的对标签和安全信息单（SDS）的理解力测试方法（comprehension testing methodology）。FAO强调继续实地检验农民和其他农药标签使用者对农药标签的理解情况的重要性，尤其是对那些由GHS开发的新的要件和象形图的理解。农药管理者、生产商和分销商以及农药使用人员对GHS的认知建立和培训，是不远的将来为有效地执行这个毒害信息体系而必须要进行的工作。此外，还要建立能保证全球一致和统一的农药标签和农药包装分类保持下去的机制。总之，必须认识到目前是个过渡时期，在此期间不断发展中的现有的标签体系还要保持，同时GHS在农药标签上的使用也在各国启动。FAO将通过三个方面的主要活动支持GHS在农药领域的执行。

① 将GHS的毒害分类原则整合到FAO农药登记指导（FAO Guidelines on Pesticide Registration）的下一修订版中。

② 将GHS的毒害分类原则整合到FAO良好农药标签指导（FAO Guidelines on Good Labelling Practice for Pesticides）的下一修订版中。根据FAO农药管理专家组（FAO Panel of Experts on Pesticide Management）的建议，修订的FAO标签准则将包含单独两章内容：即现有的WHO农药和根据GHS体系的新的分类体系。

③ 通过FAO农药管理项目和与其他项目合作的方式对农药管理者、生产商

和分销商以及农药使用人员进行培训，使他们建立对GHS的认知。

第三节 全球化学品统一分类和标签制度简介

一、背景

早在20世纪年代初，国际组织就开始了对化学品的分类和标记的协调工作。在1952年，联合国国际劳工组织（ILO）要求其化学工作委员会研究危险品的分类和标记。1953年，联合国经济及社会理事会（ECSOC）在欧洲经济理事会下设立了危险品运输专家委员会（UN CETDG）。该委员会颁布了第一个国际性的危险品运输分类和标记体系，即1956年颁布的联合国危险货物运输的建议书（UN RTDG）。国际海事组织（IMO）、国际民用航空组织（ICAO）以及其他国际和区域性组织都采用RTDG作为危险品运输分类和标记的基础。现在，大多数联合国成员国的运输规章中都采纳了RTDG，许多发达国家还在其工作场所推广使用RTDG的标记。此外，欧盟、澳大利亚、加拿大、日本和美国等国家和区域性组织还针对消费者、工人和环境制订了各自的化学品分类和标记制度。

1992年在巴西里约热内卢举行的联合国环境和发展会议上，采纳了制定危险化学品分类和标记全球协调制度的建议。该项工作在“化学品合理管理内部组织程序”（IOMC）的“化学品分类系统协调组”（CG/HCCS）主办下协作和管理。该项工作技术上由国际劳工组织（ILO）、经济合作和开发组织（OECD）和联合国经济和社会理事会的危险货物运输专家分委员会（UNSCETDG）支持。经过十多年的辛勤工作，于2001年形成GHS（Globally Harmonized System of Classfication and Labelling of Chemicals）的最初版本，并移交给新的联合国经济和社会理事会的全球分类协调系统专家分委员会（UNCETDG/GHS）。GHS对危险分类准则及危险信息表述手段进行协调，重点对现有的四个制度进行协调，即美国对工厂、消费者和杀虫剂的各项制度，加拿大对工厂、消费者和杀虫剂的各项制度，欧盟对物质分类与标签和制备的导则以及联合国对危险货物运输的建议。

联合国环境规划署在2002年9月召开的世界可持续发展峰会上提出，到2020年，全球化学品的生产和使用对人类健康与环境的主要负面影响达到最小化。为实现这一目标，受联合国环境规划署委托，国际化工协会联合会（The

International Council of Chemical Associations，ICCA）于2003年2月制定了国际化学品管理战略规划，以增强全球法规框架的一致性，推介、创造、支持贯穿全球产品链的最佳实践，建立政府、下游用户及公众对化工产品的信任。GHS制度是这一战略规划的重要组成部分。

2004年2月24日生效的《鹿特丹公约》和2004年3月17日生效的《斯德哥尔摩公约》都需要协调国际化学品分类标签制度，以减少贸易中的技术壁垒，而要整合各个国家和区域不同甚至相矛盾的法规，首先必须制定和实施全球化学品统一分类标签制度体系。因为化学品分类标准不同、危害程度认定不同，必然会造成化学品风险标签和说明的不同，也会导致管理的不同。2008年在世界各国全面实施GHS制度，考虑不同国家和地区的情况和需要，ICCA不要求搞捆绑实施，但希望得到各国联合执行。

GHS要达到的目的是：①通过提供一种都能理解的国际制度来表述化学品的危害，提高对人类和环境的保护；②为没有相关制度的国家提供一种公认的制度框架；③减少对化学品测试和评估的需要；④为国际化学品贸易提供方便。目前世界各国在实行GHS方面都做了大量工作。中国尚未出台有关GHS的相关法律，中国政府在制定执行GHS相关法规时遵循国际上的通用规则。

GHS现已制定完成，国际化工协会联合会的目标是于2008年在世界各国全面实施GHS制度。但是目前为止，原定2008年全球实施GHS的目标并没有完全实现，各国正在加紧实施过程中。

二、《全球化学品统一分类和标签制度（全球统一制度）》的内容

第1部分　导言
第1.1章　全球统一制度的目的、范围和适用
第1.2章　定义和缩略语
第1.3章　危险物质和混合物分类
第1.4章　危险公示：标签
第1.5章　危险公示：安全数据单
第2部分　物理危险
第2.1章　爆炸物
第2.2章　易燃气体
第2.3章　易燃气溶胶

第 2.4 章　氧化气体

第 2.5 章　高压气体

第 2.6 章　易燃液体

第 2.7 章　易燃固体

第 2.8 章　自反应化学品

第 2.9 章　发火液体

第 2.10 章　发火固体

第 2.11 章　自热化学品

第 2.12 章　遇水放出易燃气体的化学品

第 2.13 章　氧化性液体

第 2.14 章　氧化性固体

第 2.15 章　有机过氧化物

第 2.16 章　金属腐蚀剂

第 3 部分　健康和环境危险

第 3.1 章　急性毒性

第 3.2 章　皮肤腐蚀/刺激

第 3.3 章　严重眼损伤/眼刺激

第 3.4 章　呼吸或皮肤敏化作用

第 3.5 章　生殖细胞致突变性

第 3.6 章　致癌性

第 3.7 章　生殖毒性

第 3.8 章　特定目标器官系统毒性——单次接触

第 3.9 章　特定目标器官系统毒性——重复接触

第 3.10 章　危害水生环境

附件

附件 1　标签要素的分配

附件 2　分类和标签汇总表

附件 3　防范说明，象形图

附件 4　基于伤害可能性的消费产品标签

附件 5　可理解性测试方法

附件 6　全球统一制度标签要素安排样例

附件 7　全球统一制度分类实例

附件 8　水生环境危害指导

附件 9 金属和金属化合物在水生介质中的转化/溶解指导。

三、《全球化学品统一分类和标签制度》的必要性

（1）出于对保护人类健康和保护环境的需要；

（2）是完善现有化学品分类和标签体系的需要：

① 1956 年，第一个国际性的危险化学品运输分类和标记体系产生，即《联合国关于危险货物运输建议书》（TDG）（简称橘皮书）。

② 随后以橘皮书为基础，国际海事组织（IMO）和国际民用航空组织（ICAO）等国际组织分别制定了《国际海运危规》（IMDG）和《国际空运危规》（IATA）。

③ 此外，欧美等发达国家还针对消费者、工人和环境制定了各自的化学品分类和标签制度。

但是现有各种化学品分类标签体系着许多缺陷：

① 分类标准不统一，造成统一产品在不同国家有着不同的分类和标签。

② 缺乏对化学品生产、存储、运输和使用整个生命周期的管理。

③ 缺乏对化学品潜在危害的分类和标记。

四、实行《全球化学品统一分类和标签制度》的益处

目前很多国家都有自己的化学品分类和标签制度。此外，有些国家同时存在着几种不同的制度，这种情况导致政府管理成本增加、管理难度增大，也增加了企业的负担，因为企业需要同时应付多种不同的分类和标签要求。同时也容易使操作者产生困惑，不利于他们获得对化学品危险性的正确认识，不利于保证他们的安全。GHS 承诺会给各国政府和企业带来突出的益处，下面仅是其中几个：

① 提高管理效率。

② 方便贸易。

③ 使容易遵守。

④ 降低成本。

⑤ 提供改进的、一致的危害信息。

⑥ 促进化学品的安全运输、操作和使用。

⑦ 促进对化学事故的应急反应能力，并减少安全性试验对动物的需求。

五、《全球化学品统一分类和标签制度》的化学品危害分类

GHS 制度将化学品的危害大致分为如下三大类：

① 物理危害（如易燃液体、氧化性固体等）。

② 健康危害（如急性毒性，皮肤腐蚀/刺激）。

③ 环境危害（如水生毒性）。

GHS 制度将化学品的物理危害又细分为 16 小类（表 8-2）。

表 8-2 物理危害分类

爆炸物(与农药有关)	发火液体
易燃气体	发火固体
易燃气溶胶	自热物质和混合物
氧化性气体	遇水放出易燃气体的物质和混合物
高压气体	氧化性液体(与农药有关)
易燃液体(与农药有关)	氧化性固体(与农药有关)
易燃固体(与农药有关)	有机过氧化物
自反应物质和混合物	金属腐蚀剂

GHS 制度将化学品的健康危害又细分为 10 小类（表 8-3）。

表 8-3 健康危害分类

急性毒性	生殖毒性
皮肤腐蚀/刺激	致癌性
严重眼损伤/眼刺激	特定目标器官/系统毒性单次接触
呼吸或皮肤敏化作用	特定目标器官/系统毒性重复接触
生殖细胞致突变性	吸入危险

GHS 制度将化学品的环境危害仅分为两小类：

① 危害水生环境（与农药有关）。

② 危害臭氧层（与农药中的溶剂可能有关）。

可以看出，这些分类与过去各国和各国际组织的毒害分类是不同的。

GHS 化学品急性毒性分类标准见表 8-4。

可燃液体被定义为闪点不高于 93℃的液体。可燃液体可根据闪点高低分成如下四类（表 8-5）。

表 8-4　GHS 化学品毒性分类标准

<table>
<tr><th>接触途径</th><th>第 1 类</th><th>第 2 类</th><th>第 3 类</th><th>第 4 类</th><th>第 5 类</th></tr>
<tr><td>口服/(mg/kg)</td><td>5</td><td>50</td><td>300</td><td>2000</td><td rowspan="5">5000</td></tr>
<tr><td>皮肤/(mg/kg)</td><td>50</td><td>200</td><td>1000</td><td>2000</td></tr>
<tr><td>气体/(mg/kg)</td><td>100</td><td>500</td><td>2500</td><td>20000</td></tr>
<tr><td>蒸气/(mg/L)</td><td>0.5</td><td>2.0</td><td>10</td><td>20</td></tr>
<tr><td>粉尘和烟雾/(mg/L)</td><td>0.05</td><td>0.5</td><td>1.0</td><td>5</td></tr>
</table>

表 8-5　可燃液分类（根据闪点）

类别	描　　述
1	闪点低于 23℃，且初沸点≤35℃
2	闪点低于 23℃，且初沸点＞35℃
3	闪点 23℃≥或≤60℃
4	60℃＜闪点≤93℃

目前，各国的 GLP 毒理实验室在农药毒理学报告中已经采用 GHS 的急性毒性分类标准。

第四节
美国农药标签指导

美国出版的标准农药使用指导（The Standard Pesticide User's Guide）在农药标签一章中说：农药标签是世界上最昂贵的文献。一语道破农药标签的重要性及来之不易。农药标签可以说是所有农药登记资料的最后结晶，围绕农药登记要求进行的一切试验研究，就是为了得到一份科学的标签。标签也是农药信息最为丰富的文献，所有研究结果都需要在标签上展示出来。农药标签上的措词往往来自价值数百万美元的研究和开发活动。标签上呈现的是实验室和田间科学家们的知识集成，他们是化学家、毒理学家、药理学家、病理学家、昆虫学家、杂草学家，以及其他行业、大学和政府的科学家。

农药标签意义重大。对于生产者来说它是“销售许可证”；对政府来说它是管理农药产品分销、贮存、零售、使用和处置的途径；对于农药购买者或用户来说标签是正确适用及合法使用农药的信息来源；对医生而言，标签是他们正确救治农药中毒人员的信息来源。

世界各国在其农药管理法规中均对农药标签的格式和内容做出规定。因此农药标签也是法律文件，是执法依据。

美国要求农药标签含有如下内容。

① 商品名称（trade name 或 brand name）、通用名称（common name）和化学名称（chemical name）。

② 生产商的名称和地址。

③ 净含量（net weight）。

④ 产品登记证号（EPA registration number）。

⑤ 产地登记号（establishment number）。

⑥ 成分声明（ingredients statement）：包括有效成分和惰性成分。有效成分必须给出其正式化学名称或/和通用名称。惰性成分可以不给出具体名称，但是要求给出他们的总含量。液体制剂，有效成分的含量需要用单位体积产品含有的量（如磅/加仑）表示，固体制剂则用质量分数表示（如 5%表示每磅产品含 5%的有效成分）。

⑦ 注意事项（precautionary statement）。对儿童危害的警示语："Keep Out of Reach of Children"必须出现在任何一个标签上。警示语及其标志（signal words and symbols）也必须出现在每一个标签上，告知该产品的毒害作用到底是什么，以便采取适当的防护措施保护有关人员及保护动物等。警示语一般要求大字体出现在标签的最前页，紧接着就是"Keep Out of Reach of Children"。

标签上常用的警示语主要如下。

a. 小心（caution）。表示产品有轻度毒性（slightly toxic），经口摄食 1 盎司（约 28.35g）至 1 品脱（约 0.568L）可能致死平均体重的成人。任何产品具有经口、经皮、吸入轻度毒性的，或者具有轻度（slightly）眼刺激或皮肤刺激的产品，其标签都要有"小心"这一警示语。

b. 警告（warning）。表示产品具有中等毒性，经口摄食一茶匙的量至一大汤匙的量可以致死中等身材的成人。任何产品具有经口、经皮、吸入中等毒性的，或者具有中度（moderate）眼刺激或皮肤刺激的产品，其标签都要有"警告"这一警示语。

c. 危险-有毒。表示产品高毒，尝一下或口服一茶匙的量足以杀死中等身材的成人。如果产品仅具有腐蚀性或能造成皮肤或眼睛的严重烧伤，但是并非具有经口或吸入的高毒性，则标签上可以只出现一个词"danger"，不出现"poison"或骷髅图（skull and crossbones），但这种情况少见。

所有经口、经皮或吸入途径显示高毒的农药产品，标签上都必须印有红色的“Danger-Poison”标志和骷髅图。

标签上还有常用的急救措施声明，典型的急救声明如下：

(a) In case of contact with skin，wash immediately with plenty of soap and water（一旦与皮肤接触，立即用大量的肥皂水和清水冲洗）。

(b) In case of contact with eyes，flush with water for 15 minutes and get medical attention（一旦触及眼睛，用流水冲洗 15 分钟并就医）。

(c) In case of inhalation exposure，move the person from the contaminated area and give artificial respiration if necessary（一旦吸入，将吸入者转离污染区并在必要时给予人工呼吸）。

(d) If swallowed，drink large quantities of milk，egg white，or water. Do not induce vomiting，because the material may be caustic（一旦吞入，饮用大量牛奶，因为吞入的物质可能有腐蚀性）。

(e) If swallowed，induce vomiting if the is not caustic（如果吞入的物质没有腐蚀性，可以诱导呕吐）。

此外，无论何种标签，都需要有建议声明（referral statement）：对医生的提示（note to physician），或告知解毒剂。

⑧ 其他注意事项声明。标签一般都带有额外声明，告知使用人应该注意的其他事项。这些事项是不需要说明的（self-explanatory），一般出现在包装侧面或背面的标签上。主要有：

a. Do not contaminate food or feed（不要污染食品和饲料）。

b. Remove and wash contaminated clothing before reuse（脱掉并清洗被农药污染的衣物）。

c. Wash thoroughly after handling and before eating or smoking. Wear clean clothing daily（操作后饮食之前要彻底清洗手和脸，每天要穿干净的衣服）。

d. Not for use or storage in or around a house（不要在住宅内或其周围使用或贮存农药）。

e. Do not allow children or domestic animals in treated area（不要让儿童或家畜进入使用过农药的区域）。

此外还有毒害声明。毒害声明（hazard statement）可以出现在标签的不同位置。主要有：hazards to human and domestic animals，environmental hazards，and physical-chemical hazards（对人和家畜有害、对环境有害，有物理化学伤害）。

对环境有害的农药可能会在标签上出现如下环境毒害声明（Environmental hazards）：

a. This product is highly toxic to bees（本产品对蜜蜂剧毒）。

b. This product is toxic to fish（本产品对鱼有毒）。

c. This product is toxic to birds and other wildlife（本产品对鸟和野生生物有毒）。

有时候虽然没有这些具体的环境毒害声明，但是并不意味着你可以不采取相应措施。标签上还可能出现一般性的环境毒害声明：

a. Do not apply when runoff is like to occur（可能发生流失时请勿使用）。

b. Do not apply when weather conditions favor drift from treated areas（天气情况有利于农药从被处理区向外漂移时，请勿使用）。

c. Do not contaminate water by cleaning of equipment or disposal of waste（清洗农药使用设备或处理农药废弃物时不能污染水源）。

d. Keep out of any body of water（远离任何水体）。

e. Do not allow drift on desirable plants of trees（不要让漂移物污染树木）。

f. Do not apply when bees are likely to be in the area（使用农药时要避开蜜蜂活动期）。

物理或化学毒害（physical or chemical hazards）：这部分内容告诉用户是否会产生诸如着火、爆炸或化学腐蚀的信息。标签上可能会出现如下文字。

a. Flammable：Do not use. Pour，spill，or store near heat or open flame. Do not cut or weld container（可燃：不在热源或明火附近使用、倾倒、泄露或贮存农药）。

b. Corrosive：Store only in a corrosion-resistant tank（腐蚀：只能贮存在抗腐蚀性的容器内）。

⑨ 使用分类。美国农药标签要求标明使用分类，因为美国农药分为限制使用类（RUP）和普遍使用类。限制使用类农药必须由具专业使用资质的人员使用，没有资质证书的其他人必须在专业使用人员的直接指导下才能使用。限制使用的农药标签上必须出现如下文字：For retail sale and use only by certified applicators or persons under their direct supervision and only for those uses covered by the certified applicator's certification（只能由获得授权的农药使用机构零售和使用，而且只能在该机构所获得授权的使用范围内使用）。

这部分内容还包括误用声明（misuse statement）：It is a violation to use a product in a manner inconsistent with the labeling（不按标签使用违法）。

⑩ 使用直指导（direction for use）

a. 再进入声明（reentry statement）：一般标签上都有再进入声明，告诉人们在没有适当防护措施的前提下，使用农药之后在一定时间内不能擅自进入处理区内。如果标签上没有标明再进入的时间间隔（restricted entry intervals，REI），就必须等待雾滴完全干涸或粉尘完全沉降以后才能进入。

农药登记申请表中，往往会遇到需要填写 REI，可以根据以下建议填写。

REI 是根据农药产品中的有效成分的急性毒性确定的。混剂中以毒性最高的成分来确定 REI。如果产品中仅含有一个有效成分，而且其毒性属于 Ⅰ 类（EPA），REI 确定为 48h。此外，如果有效成分是有机磷酸酯类（胆碱酯酶抑制剂）而且在户外年降雨量少于 25 英寸的场合使用，REI 定为 72h。如果只含有一种有效成分而且急性毒性属于Ⅱ类（EPA），REI 定为 24h。如果产品只含有急性毒性属于Ⅲ或Ⅳ类的有效成分，REI 定为 12h。

1995 年 4 月，美国 EPA 降低了低毒农药（有效成分急性毒性属于Ⅲ或Ⅳ类的）的 REI，为 4h。

此外，有些标签还列出了安全间隔期（preharvest interval）。安全间隔期是指最后一次施用农药与收获之间必须间隔的时间，用天数表示。安全间隔期的长短取决于有效成分毒性、在作物上或作物内的持久性等因素。如果不按照安全间隔期要求收获作物，可能会受到处罚，或者会造成人或动物中毒。安全间隔期的设置就是为了避免收获产品中农药残留超过最大残留限量（MRLs）要求。

b. 使用者的类别（category of applicator）。由于美国农药使用实行持证上岗制度，所以标签上还需要标明可以使用该产品的使用者类别。

c. 贮存和处置（storage and disposal）。告诉有关人员如何贮存农药和如何处置剩余农药或/和农药包装。

d. 使用指导。这部分内容应该告诉使用者如下信息：

（a）生产商声明的该产品能够防治的有害生物是什么。使用者可以在标签批准的作物、动物和场所使用该农药来防治标签上没有指明的有害生物，这样的使用是合法的。

（b）该产品意欲使用的作物、动物、场所。

（c）产品应该以什么方式使用。

（d）应该使用什么样的农药施用设备。如果允许通过灌溉系统使用，比如使用中心转动喷洒器（center pivot sprinkler），还要给出详细的使用说明。

（e）使用量。

（f）配药指导。

(g) 与其他常用农药的相容性 (compatibility)。

(h) 对作物的药害和其他可能的伤害或着色 (staining) 问题。

(i) 在什么地方使用。

(j) 什么时候使用。

2012 年 FAO 针对东南亚各国制定了统一的农药标签指导，也是根据 FAO 有关准则的框架制定的，限于篇幅，此处不作介绍。

农药标签的重要性，农药出口从业者都有深刻体会。在实际工作中需要与客户深入沟通，了解客户对标签的每一个细节的要求，如字体、文字尺寸、排版格式、图示、颜色等，然后才能付印。否则，任何一点小的错误都会可能造成巨大的经济损失（不仅仅是重印标签的损失，更重要的是其他损失。很多公司都有这样的经历)。

本章内容对农药出口登记工作者也有参考价值。因为标签也是出口登记资料要求中的一部分重要内容，需要登记人员准备标签草稿或填写标签内容。因此，本章中一些标准的术语或叙述都保留英文原文，便于使用。

参 考 文 献

[1] FAO，Guidelines on Good Labelling Practice for Pesticides，1995.

[2]《农药产品标签通则》(GB 20813—2006)

[3] Globally Harmonized System of Classification and Labelling of Chemicals (GHS)，Fourth revised edition. United Nations，2011.

第九章
规范包装，保证农药产品质量

犹如农药标签，农药包装对于农药产品的重要性更是显而易见的，它对于农药的安全运输和使用极其重要。《国际农药管理行为守则》中对农药标签和包装也有专门要求。总的来说，农药包装的作用主要有如下几个方面。

① 把农药产品分装成适当的体积或重量，以便于使用。

② 保护农药产品不受外界不利环境条件如光、热、水、气等的影响，以便保持农药产品中有效成分的稳定性以及产品理化性能指标的稳定性，即保证农药的有效期。包装材料本身对所包装的产品不能产生有害影响（如引起产品降解、给农药产品带来不受欢迎的杂质等）。

③ 农药产品经过适当包装后使之适应各种运输方式并便于贮存。包装应保证农药在运输微环境和贮存过程中不产生泄露，不污染周围环境，不对人、畜以及其他有益生物产生毒害。

④ 合理的农药包装有利于农药使用者的安全。如采用可溶性袋包装需要兑水使用的固体粉末产品可以避免药粉飞扬对使用者造成的危害。

⑤ 从消费心理的角度来说，优质的包装材料尤其是配上优质的标签之后有利于增加购买者的购买欲望。

⑥ 农药包装材料本身的环境相容性或安全性也非常重要，要尽量选择安全环保的材料包装农药。

⑦ 农药包装的回收是目前世界上很多国家面临着的重要课题。因此，选择农药包装材料时就应考虑到将来是否便于回收。

从以上讨论可知，农药包装的重要性是不言而喻的。因此 FAO 很早就制定了农药包装准则，我国也有农药包装通则。为了便于读者参考，下面将他们全文收录。

第一节 FAO 联合国粮农组织农药包装和贮存准则

一、基本要求

① 农药的包装容器及相关的外包装必须符合有关的国家标准及规定。必要时，还应符合国际上运输安全规定。

② 包装容器及其农药的贮存有效期必须至少为 2 年。如果不足 2 年，则必须在包装的显著位置上清楚地标明失效日期。

③ 包装容器必须清洁干燥，设计合理，能防止农药变质、结块、损失重量或承受其他方面的损害。包装容器必须能够承受在处置、贮存、堆码、装卸过程中所有可能遇到的各种情况，并能承受大气、压力、温度及湿度等环境因素的影响。确定包装容器的性能标准时，应遵循公认的试验程序。

④ 包装容器及其容器盖的内表面可以涂上或衬上耐腐蚀材料，但必须注意所用材料不应与内装物发生任何反应。

⑤ 包装容器的外表面必须采用或者涂上防腐蚀材料或其他防变质的材料，在上面能粘贴或印刷标签。标签位置必须醒目突出，字迹清楚，并保证在预计的整个有效期内不脱落。

⑥ 印刷品、标签、代码或失效日期，必须使用不褪色的和耐风化的油墨。对某一容器和标签已确定的各种试验方法可被用于类似容器和剂型的其他产品。

⑦ 试验合格的专用包装容器被用于另一种农药或同一农药的不同制剂时，必须重新试验后才能使用。

⑧ 农药包装场地必须建立检查规程，确保包装质量。

⑨ 凡盛液体农药的容器均需留下至少为总容量5%的空余。

⑩ 再次使用的或修理过的包装必须符合原包装的所有规格标准。

二、农药包装容器的标准

包装容器必须保证农药有效成分及制剂的质量在2年内无大的变化，其外表面不应受到农药的污染。每一种类型的容器在投入实际使用之前，均应按照要求的试验程序进行检测，并记录结果。

在生产和使用初期，应用具代表性的包装样品在恶劣的环境中作进一步试验，为最终确定包装的适宜性提供依据。如果包装的贮存有效期不足2年，则必须在包装上清楚地注明失效日期。

试验所用的包装容器的材料质地应与正式流通中的包装容器的材料相同或相似。改变包装容器的规格或形状，或包装板的厚度及衬料后，包装容器必须经重新试验才能使用。

容器盖应随包装容器一起进行试验。容器盖的类型、涂料或衬里改变后，应重新做试验。

1. 内包装

内包装容器是农药的内层包装，在运输、处置和贮存过程中需要外包装保护，出售或陈列时，可以从外包装中取出。①袋（容量不超过10kg）：用一层或多层纸或铝箔制成。为确保其适用性和耐冲击力，包装袋应按照公认的程序进行测试。②瓶（容量不超过1kg或1L）：瓶子应配备瓶盖。盛液体农药时，瓶盖的尺寸不得大于63mm。聚乙烯或其他种类的塑料瓶只能采用树脂制造，因为树脂具有较强的抗破裂能力。为确保其适用性和耐冲击力，瓶子应按公认的程序进行测试。容量不超过1kg或1L的塑料容器亦应符合上述相应的要求。③金属容器（容量不超过10kg或20L）：金属容器用钢材制造，可镀锡或其他材料，保证与内装物的相宜性并能保护外壳。此外，盛液体农药的金属容器，在未被焊接的接缝处应使用密封材料。金属容器应配备容器盖。盛液体农药时，盖子的尺寸不得大于63mm。为确保其适用性和耐冲击力，金属容器应按公认的程序进行测试。

2. 外包装

外包装是农药包装容器的外部包装，通常指木箱或纸箱一类的包装物，包住并保护里面一个或几个内包装。外包装质地坚硬，能保护内装物免遭挤压或其他损坏。为保护内装物，必要时还可辅助使用内包装物。①按照公认的程序测试时，制造外包装所用的板子的质量不得低于190g/m^2。②外包装应该在装有内包装（内装水和其他适当的惰性物质）的情况下，按照公认的程序进行跌落试验。

3. 大包装

大包装指具有坚硬桶壁或板壁的包装物，可以是金属桶、聚乙烯或硬纸板桶，也可以是耐磨损的瓦楞纸箱。桶（容量不超过250kg或200L）：桶应采用钢材制造，内部涂上一层防锈或耐腐蚀的材料，外表面也涂上防锈材料。另外，所有未焊接的接缝处都要使用密封材料。聚乙烯塑料桶应采用树脂制造，因为树脂具有较强的抗压抗裂能力。用纸做成的硬纸板桶或瓦楞纸箱的内部应衬上密封的聚乙烯塑料袋。塑料袋的厚度不得小于0.05mm。装液体农药的桶盖不得大于63mm。为确保其适用性和耐冲击力，大包装应按公认的程序进行测试。

三、农药包装容器的合理选择

1. 固体农药——可湿性粉剂、粉剂及颗粒剂

① 小包装，当容量不超过3kg时，一般可选用现成的包装，比如袋、小袋、干货罐、玻璃或塑料广口瓶。

a. 袋底部和侧面必须是密封防漏的，上部开口以供装药，装完药以后，必须严密封口，防止药剂外漏。通常采用一种标准的热封合器进行加热加压封口。袋一般用多层材料制成。内层为聚乙烯膜，既有助于最后封口，又是理想的隔水层，还能耐受多种化学物质的侵蚀，其厚度不能小于0.02mm。需要在装完药后进行防漏密封封合时，聚乙烯膜的厚度则必须达到0.05mm。

b. 干货罐及罐的底部密封，顶端开口以供装药。干货罐是一种钢性容器，一般为圆柱体或长方体，用纸板制成，包上一层聚乙烯或其他材料，比如铝箔，增强隔绝性能。罐一般用镀锡铁皮——一种正反两面镀锡的薄钢板制成圆柱体或长方体。一般说来，镀锡铁皮具有较好的耐环境和化学因素不良影响的性能，因而成为一种有用的包装材料，尽管偶尔易被腐蚀，但只要在内部涂上防腐蚀材料，即可达到耐腐蚀的目的。当然这种防腐蚀材料只能用于圆柱体罐。必要时，罐的外表面可以油漆或者刷上清漆。适用于干货罐和罐的封闭物种类繁多，对固体农药而言，最理想的封闭物当然是可以移动的罐盖，也可以使用螺纹盖，罐口可装上镀锡铁皮或塑料筛，以控制使用药量。

c. 玻璃或塑料广口瓶由瓶底或瓶身构成，顶端开口以供装药，通常有标准型号可供选用。玻璃广口瓶尽管不易受农药腐蚀，但因易碎而很少用于包装固体农药；聚乙烯塑料广口瓶因具有良好的防潮性和防碎性而被广泛地采用。如果考虑到外包装质量，也可以用其他种类的塑料制造广口瓶。玻璃广口瓶和塑料广口瓶的瓶盖应是螺纹型的，除非另有同等性能的瓶盖可选择。

② 大包装，尤其是容量为10～30kg的大包装，可以选用硬纸袋、硬纸板桶、塑料桶、钢桶或瓦楞纸箱。

a. 硬纸袋应防漏，可以顶部开口或配备装药阀门。多数情况下，阀门型硬纸袋比较受用户欢迎，因为在包装农药过程中产生的粉尘容易得到控制，而且封口时又无特别的要求。只有个别类型的硬纸袋要求在装完药以后，将阀门折叠或卷起来。硬纸袋既可用复合纸，也可用聚乙烯膜制造。顶部袋口在装完药以后，应缝上或用热封法封合。若采用缝合法，则既不防漏，也不防潮，因此，需要在缝合处另外粘上封合条。用复合纸制成的阀门型硬纸袋由于制作中难以控制好必要的折叠和粘贴，因此袋的顶部或底部常常难免会留下些小孔隙。当然，用聚乙烯制成的同类袋子可以达到完全不漏的效果。装满粉剂的硬纸袋封口后，由于袋内残留的空气不易排出，以致很难将袋子堆码在货盘上，因此需要用有效的方法来排除袋内空气。就多层纸袋而言，通常所采用的排气方法是在内层上打孔；而对于聚乙烯袋则采取单向式排气方法，将袋子平放挤压，既能排出袋内空气，又可以使农药在袋内分布均匀。挤压的办法有重力法，也可用2个袋子放在两个有适当间距的滚筒运输机上进行。

b. 硬纸板桶、塑料桶或钢桶一般有标准型号，内衬物常用聚乙烯袋，既防潮，又能防止药剂对桶的污染，同时还易于清洗，以便再次使用。桶盖应该可以拆卸，装药时先取下来，装完药以后再盖上锁定，保护内装物在以后所遇的恶劣处置条件下免遭损害。硬纸板桶用复合纸制成，以聚乙烯或其他材料，比如铝箔为隔绝层。塑料桶以聚乙烯为制造材料，防潮性能非常好。钢桶对内装物的保护作用最强，但应采用涂层或聚乙烯袋作为隔绝层，避免药剂对桶腐蚀。每一种坚硬的大包装均具有很强的抗冲击力，桶盖种类繁多，密封效果均佳。但由于常常使用密封垫，应检查其适宜性。

2. 液体农药

① 小容器。容量最大为5L，一般可选用现有的包装，比如罐或细颈口玻璃瓶或塑料瓶。

a. 罐底密封，与罐体的接缝处应采用密封材料严密地密封。罐体侧面的接缝应焊接密封。镀锡铁皮罐对液体农药的保护作用很强。在罐内涂上一层防腐蚀材料，就可以起到良好的防腐蚀效果。装药时，应尽量减少罐内残留的水分，避免生锈出现小孔漏隙。一般说来，罐内含水和有害物质以及罐体侧面焊缝是导致罐失去包装用途的主要原因。细颈口玻璃瓶或塑料瓶因为既方便倒出内装物又不易发生溢漏而适合包装液体农药。玻璃瓶因其惰性特点而成为最理想的农药包装容器，但使用中易破碎。某些聚乙烯塑料瓶只适合装不含溶剂的农药。当然，新的科研成果已经使得塑料瓶突破这道难关而可以包装含有溶剂的农药。此外，应特别注意小塑料瓶需要的外包装必须能够保护瓶子在贮存中免遭压破之灾，否则瓶子破损，药剂外漏。

b. 小型液体农药包装容器应选用螺纹盖。盖子的尺寸应根据药剂的黏度大小来确定，以有利于倒出药剂为基准。换句话说，药剂的黏度愈大，盖子的尺寸则愈大。最常见的两种规格是38mm和63mm。盖子的衬里与药剂的性质应相适宜，而且保证与瓶口严密密封。

② 大型液体农药包装，典型规格为10～200L，常用的类型有德国式汽油桶（一种5gal装的容器）、钢桶式塑料桶。液体农药总是装在带有密封盖的容器中。就桶而言，桶盖应与桶身焊接在一起。桶盖的开口尺寸不得大于63mm，但应具备2个开口，便于倒出内装物。在某些情况下，可以明确地规定应该使用适当的倾倒器具。

a. 钢桶质地坚硬，在处置、运输、贮存和堆码中具有很强的耐磨性，内部可涂防腐蚀材料，但要特别注意所用材料应与内装物相适宜。另外要经常检查涂层是否完整无损，因为涂层不完整是导致涂料保护层失去应有功能的主要原因。桶底与桶身的接合处应用焊接材料作密封。密封桶盖时，应使用橡胶圈、弹性物或塑料密封垫。同小型包装容器一样，装药时，应避免在桶内留水。

b. 大型聚乙烯塑料包装或需要外包装保护，或靠自身进行防护。常用的外包装有钢桶和瓦楞纸箱。此类包装由于桶壁较厚，因此防潮性能好，而且包装含有溶剂的农药，特别是蒸气压较低的农药时，又是理想的隔绝层。

3. 压力容器

在常温常压下保存农药的容器必须要有耐压的外包装保护。压力容器所用的金属压力表、密封方式和阀门结构是容器的重要部件。压力容器的设计、选择及试验是相当复杂的过程，必须由训练有素的人员借助于校准仪器才能进行。压力容器的贮存有效期通常不足 2 年，因此压力容器的生产量应视其使用量而定。

4. 外包装

① 外包装是用于集装一个或几个包装容器的，而且对于边上的包装容器常常还起到额外的保护作用，尤其在处置、堆码和运输中可以使其免遭损坏。

② 选择外包装时应根据实际需要，可以是薄膜袋、缩水性包装物、纸或瓦楞纸箱。箱子因经济实用而成为最常用的外包装。

③ 运输条件非常恶劣时，应将多个箱子集中放在一个木箱中。

5. 容器盖

① 要想成功地包装坚硬的容器，并保护农药，尤其是液体农药，至关重要的一个环节就是选择正确的容器盖。如前所述，液体农药包装容器的容器盖的尺寸必须根据需要的倒出流速及药剂的黏度大小来确定，但为统一起见，容器盖的规格一般不得大于 63mm 和小于 38mm。

② 包装粉剂或颗粒剂的坚硬容器的盖子可以大于 63mm，通常与广口瓶或桶的直径大小相近。在盖子上加上防盗封带对于表明容器是否已经被打开过特别有用。其他适用的防盗方法有收缩式封合。盖子的衬里对其本身的性能影响很大，选择时要十分谨慎，因为经常发现衬里不合适时，包装容器的性能就很差。

家庭用包装容器应选用儿童不易开启的盖子。盖子不能与药剂经常直接接触，除非药剂处于气相时。翻转容器后，盖子中也不应该留有药液。盖子必须有足够的扭矩，保证与容器严密密封，扭矩通常会在24h以内随时间而减少。测量扭矩大小的正确方法是测定其启开力的大小。

6. 测试仪器

应当鼓励发展合适的包装测试仪器并规定将其作为包装容器的一部分，包装测试仪器应尽可能与本地区使用的包装规格相适宜。

四、农药包装容器的规格

容器规格是一种对产品本身及其特点详加描述的书面说明，既是买卖双方互通信息的一种有用形式，又是购买农药包装容器时要求的一种通信形式。必须参照现有的公认的方法即标准方法，比如由美国试验材料学会（ASTM）建立的方法来确定包装规格的测试方法。

五、农药包装容器的测试

农药包装容器性能试验是为了在使用之前明确容器的防护效能。在正式批量生产之前，包装容器应进行验证试验，确认其功能。使用特定的测试程序，对有关各方如管理部门、包装容器生产者和用户进行相互交流会起到一定的促进作用。根据仪器设备及人员情况，测试程序既可以复杂繁琐，也可以简单易行，不过切实可行的测试程序才是检验包装是否成功的最有效的方法。如果是为了仲裁，则必须采用诸如美国试验材料学会或其他公认的国际组织确定的方法。也可参考有关资料建立适用的测试程序，如参考联合国包装建议，英国、美国交通部的测试程序，以及它们在《化学和工业》第4号出版物（1978年2月18日，107～115页）上所列方法。

六、农药贮存标准

1. 农药的存放准则

① 存放场地应隔离，避免其他产品污染。

② 存放场地应有醒目的警告标志。

③ 农药应保存于贴有标签的原包装容器中。堆放位置应使标签显而易见。

④ 存放场地对农药的理化性质及贮存有效期不应产生任何不良影响。

⑤ 挥发性农药应存放在通风的、与别的农药分开的地方，防止发生交互污染。

⑥ 如果农药存放的时间较长，超过使用季节，应注意翻库，以免药剂过期失效，但应避免翻库太频繁。

⑦ 利用隔板或围墙将不同种类的农药分开贮存。

2. 农药贮存场地的保安问题

① 凡农药贮存场地均应上锁防盗，或防止随便进出。

② 应定期检查贮存场所，特别要注意检查包装的破损、溢漏、变质等情况。一旦发现问题，应参照农药制造厂商提供的安全措施立即清除污染。

第二节 中国国家标准《农药包装通则》

中国制定的国家标准《农药包装通则》（GB 3796—2006）是目前最新的国家标准，颁布于2006年。

本标准系农药包装的通用规则。

一、包装

① 农药的包装形式应符合贮存、运输、销售及使用的要求。

② 农药的包装材料，应保证产品在正常的贮存、运输中不破损，并符合相应标准的要求。

③ 农药的外包装材料，应坚固耐用，保证内部物质不受破坏。可采用的外包装材料有木材、金属、合成材料、复合材料、带防潮层的瓦楞纸板、纸袋纸、麻织品以及经运输部门、用户同意的其他包装材料。

④ 农药的内包装材料应坚固耐用，不与农药发生化学反应，不溶胀，不渗漏，不影响产品的质量。可采用的内包装材料有玻璃、塑料、金属、复合材料、纸袋纸等。

⑤ 农药根据剂型、用途、毒性及物理化学性质进行包装。液体农药制剂每箱净重不得超过15kg，固体农药制剂每袋净重不得超过25kg，液体农药原药每件净重不得超过250kg，固体农药原药每件净重不得超过100kg。

⑥ 瓶装液体农药的包装容器要有合适的内塞及外盖，桶装液体农药原药的桶盖，要有衬垫，拧紧盖严，以免渗漏。

⑦ 盛装液体农药的玻璃瓶、塑料瓶装入外包装容器后，用防震材料填紧，避免互相撞击而造成破损。

⑧ 农药采用小包装时，应将小包装装入适于贮存、运输的外包装容器中。

⑨ 农药外包装容器中，必须有合格证、说明书。

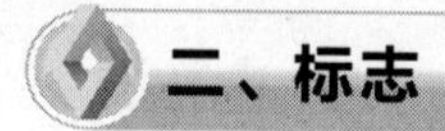

二、标志

1. 标志方法

① 包装容器上粘贴标签。

② 标志直接印刷、标打。

2. 标志部位

容器上的标识部位见表 9-1。

表 9-1　容器上的标识部位

容器形式	标志部位
金属桶或其他桶类	圆柱形面
瓶(玻璃或塑料等)	圆柱形面
袋或小包	正面、侧面
箱(包括木、纸板、钙塑箱等)	正面、侧面

3. 标志内容

(1) 农药的内包装容器表面上应有标签，标签的内容应包括以下内容。

a. 品名：应以醒目大字表示。

b. 规格。

c. 相应的农药产品标准号。

d. 净重。

e. 生产厂名。

f. 农药登记号。

g. 使用说明。

h. 注意事项。

i. 生产日期、批号。

j. 毒性标志：按《危险货物包装标志》（GB 190—73）的规定进行标志。

（2）农药的外包装容器应标明以下内容。

a. 品名：应以醒目大字表示。

b. 类别。

c. 规格。

d. 毛重、净重。

e. 生产日期、批号。

f. 贮运指示标志：按《包装贮运指示标志》（GB 191—73）进行标志。

g. 毒性标志：按《危险货物包装标志》（GB 190—73）的规定进行标志。

h. 生产厂名。

（3）袋装农药制剂应按《农药包装通则》2.3.1 及 2.3.2 的规定标志，供加工使用的农药原药按《农药包装通则》2.3.2 的规定标志。

4. 各类农药采用不褪色的特征颜色标志条进行标志

a. 颜色

除草剂——绿色；

杀虫剂——红色；

杀菌剂——黑色；

杀鼠剂——蓝色；

植物生长调节剂——深黄色。

b. 位置：在标签下方和外包装容器的下方加一条与底边平行的颜色标志条。

第三节 农药包装材料和包装容器

一、塑料瓶

长期以来，液体农药一直采用铝瓶和玻璃瓶包装。两者都有缺点，铝瓶价格昂贵，不耐挤压；而玻璃瓶也逐渐退出市场，主要是由于破损率高，玻璃瓶内塞封口不严，容易造成泄露，玻璃瓶本身较重加大运输成本，瓶子难以回收，容易造成意外中毒和伤害以及环境污染，不利于远程运输和熏蒸或热处理。因此，运用新型材料制成塑料瓶替代传统包装物有着其独特的优越性而成为市场的主导。

随着市场竞争日趋激烈，以及人类社会对自然环境和生态保护意识的不断增强，新型的塑料瓶包装也面临更多的挑战。目前，农药生产企业所用的助剂和溶剂、原药等，越来越考验着包装容器，所以瓶子的耐腐蚀、抗渗透、是否环保日趋成为厂家和商家的研发核心。比如 PET（聚酯瓶）、PE 瓶（桶）、HDPE 瓶或桶（高密度聚乙烯）、氟化瓶、桶（Fluorination）以及高阻隔瓶等相继推向市场。由于 PET 和 PE 原材料价格便宜、投资少、生产工艺简单，成为国内市场的主流。PET 的特点是不能阻挡水分的深入（某些农药会因水解而变质）和渗出；HDPE 瓶化学性能、防水性能和机械性能都比较好，但对某些农药的助剂或稀释剂如甲苯、二甲苯等不耐渗透，但这几种瓶子使用周期短，不会影响农药的理化性质。针对农药出口的特点，国外客户对瓶子的要求越来越高，以下就氟化瓶和高阻隔瓶的特性作一些介绍。

二、氟化瓶

1. 氟化瓶

在容器的内壁上涂上一层以 PTFE（聚四氟乙烯）为主的物质，通过“线上氟化”的技术生产的瓶子。

2. 聚四氟乙烯瓶

聚四氟乙烯（Polytetrafluoroethene，PTFE），商标名 Teflon®，在中国被翻译为“特富龙”。是一种使用了氟取代聚乙烯中所有 H 原子的人工合成高分子材料。这种材料具有抗酸抗碱、抗各种有机溶剂的特点，几乎不溶于所有的溶剂。同时，聚四氟乙烯具有耐高温的特点，它的摩擦系数极低，所以可作润滑作用之余，亦成为了水管内层的理想涂料。聚四氟乙烯是由杜邦公司在 1938 年意外发现，杜邦公司在 1941 年取得其专利，并于 1944 年以「Teflon」的名称注册商标，此商标后来也成为聚四氟乙烯的通称，如今聚四氟乙烯已经被广泛应用于生产与生活的许多领域。

3. 氟化瓶构造及机理

氟气 F_2 是一种性质非常活泼的气体，具有强氧化性，能与大多数无机物或有机物在室温或低于室温下发生反应，释放较多的热量，常导致燃烧和爆炸，它的这种性能为它赢得了“化工之王”之称。高纯氟气是精细化工领域的重要原料，广泛应用于化工、电子、激光技术、航空航天、医药塑料等领域。

塑料和其他材料等用氟气体进行表面处理叫做氟化，当氟气与C—H结构的聚合物制品（如高密度聚乙烯HDPE等）接触时，氟原子F取代聚合物表面的氢原子H，形成类似于聚四氟乙烯PTFE结构的碳氟C—F结构层。这种取代反应是不可逆的，反应生成的碳氟C—F结构层与整个聚合物基体以非常稳定的化学结构形成不可分割的整体，而聚合物本身不发生变化，保持其本身的特性。与多层共挤的复合瓶相比，复合瓶的每一层结构皆是不同的材质，很难参与循环再利用，而氟化瓶的可回收利用率是100%，符合环保的大要求。

这个类似于聚四氟乙烯PTFE结构的功能层，厚度大约为0.1～10μm，质地紧密、牢固，具有优良的阻隔、抗污、抗磨损、抗化学侵蚀性能，通常经过氟化处理的HDPE容器对有机溶剂的阻隔性能提高4～565倍。对现有的产品进行附加新性能的处理可使它们适合随后的工艺过程或最终用途：①保护表面。避免各种类型的溶剂，比如化学制品、有机溶剂、农药乳油、燃料等的损害和阻隔气体（汽油香精）的侵袭。②改进和提高塑料（等聚合物）表面能（表面活性和化学惰性），改善浸润特性，增加基材的喷涂和黏结强度及其他材料的黏着性能，比如印刷的效果更突出。溶剂对塑料瓶的渗透原理和氟化瓶的氟化原理分别见图9-1和图9-2。氟化瓶结构见图9-3。

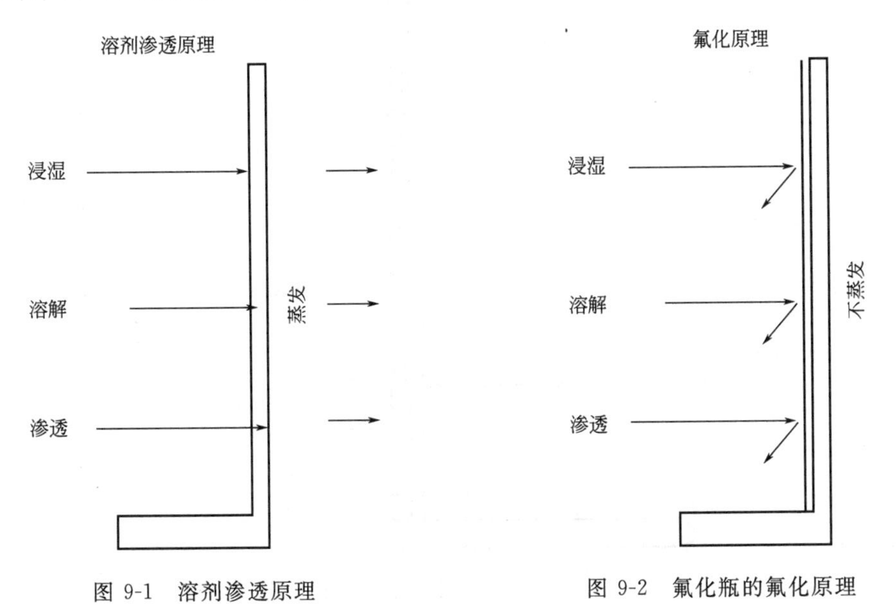

图9-1　溶剂渗透原理　　　　图9-2　氟化瓶的氟化原理

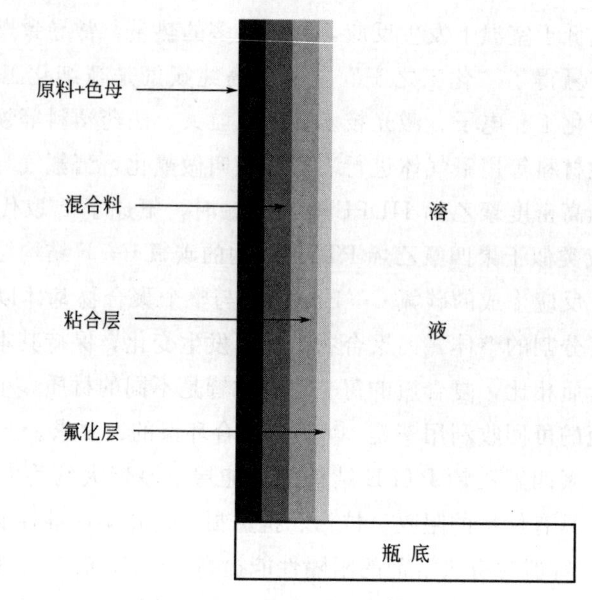

图 9-3 氟化瓶的结构示意

4. 三层共挤瓶

三层共挤农药瓶的内层，PA 型或 EVOH 型能阻挡溶剂等化学品的渗出，外层 HDPE 能阻隔空气中的水分渗入，胶黏剂起黏结的作用（图 9-4）。三层共

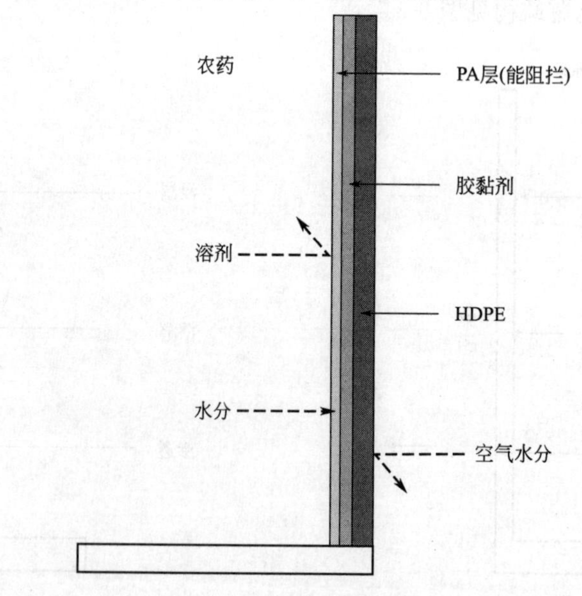

图 9-4 三层共挤瓶示意

挤瓶内层中的 PA 对高浓度的甲苯或二甲苯作溶剂的农药可起到阻隔作用，但不耐酸且内层不阻止水分。

5. 五层共挤瓶

五层共挤瓶中隔层的排列阻隔数比三层共挤瓶多，适应性比三层共挤瓶更广泛。应该指出，用于制造高阻隔多层共挤容器的两种主要材料 EVOH 和 PA 的阻隔选择性、耐化学品选择性和对农药配方选择性不同，要根据具体农药来选用。EVOH 是阻隔性能很好的高分子材料。但是，EVOH 是亲水性的，容易吸收水分，吸水后阻隔性能明显降低，所以三层共挤的不适用于有水农药，五层共挤瓶解决了防水、防腐蚀的作用，适用性更广（图 9-5）。

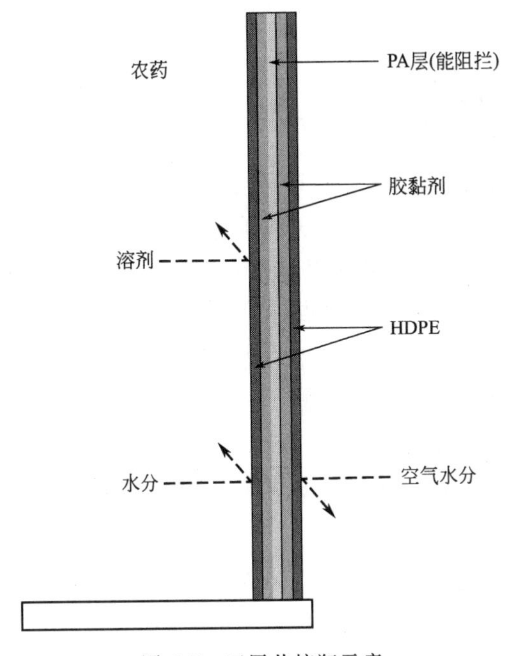

图 9-5　五层共挤瓶示意

三、铝箔垫片

电磁感应铝箔垫片广泛应用于农药、医药和食品包装及日用品包装瓶或软管中的瓶口密封，起到隔绝和防泄露作用，由纸板弹性体、弱粘层、铝箔、粘封层组成（图 9-6），用电磁感应封口机通过非接触加热的方式，将热粘合层与瓶口密封。

封口垫片分为 PET 垫片、PE 垫片和电磁感应铝箔垫片。电磁感应垫片广泛用于农药、医药等包装瓶的封口处理。铝箔垫片中有经特殊处理的金色铝箔，用于“百草枯”等高渗透或强腐蚀性药物。铝箔垫片与包装容器的瓶盖配套生产。

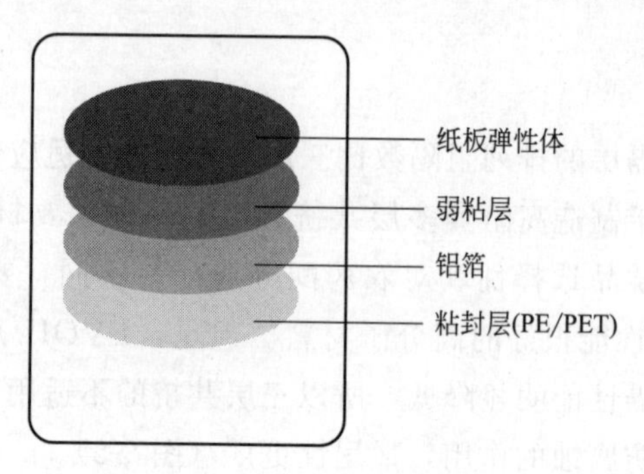

图 9-6 铝箔垫片示意

四、标签（唛头）

（1）标签功能　标签用来标示产品名称、商标®、含量、使用方法、剂量、注意事项和生产日期、批号、有效期、制造商及其他可用于解释的说明书。

（2）标签分类　根据印刷方式可分为胶印、彩印、水印；根据材质不同可分铜版纸、不干胶和防水布等；根据板式可分单页和册子。不干胶能直接粘贴在瓶子和纸箱上；铜版纸标签需涂抹环保黏着剂；布唛头主要用于服装和不易粘贴的包装容器上，如塑料袋、编织袋等。

（3）标签尺寸　根据包装瓶尺寸自行设计，现在的瓶子都有贴标线，标签高度与贴标线高度一致；标签长度要比瓶子的周长略长 0.5cm，粘贴时首尾重合，以便标签在摩擦中不易脱落。

（4）标签覆膜　是指在标签制作过程中，采用特殊工艺在标签表面上覆盖一层透明塑料薄膜，可使标签更牢固不易撕裂。但其缺点是质地较硬，容易翘边和卷曲，故使用过程中需用力压紧边缘，及时用收缩膜保护。

（5）注意事项　由于标签上批号不同，生产加工中需严格区分对应产品和批号。典型的标签格式和内容见图 9-7。

五、纸箱

纸箱的好与差主要由材质决定，优质的纸箱抗压能力较强，瓦楞压痕处可反复折压不破裂。我们所用的纸箱通常是五层材质粘合而成（图 9-8），主要是由

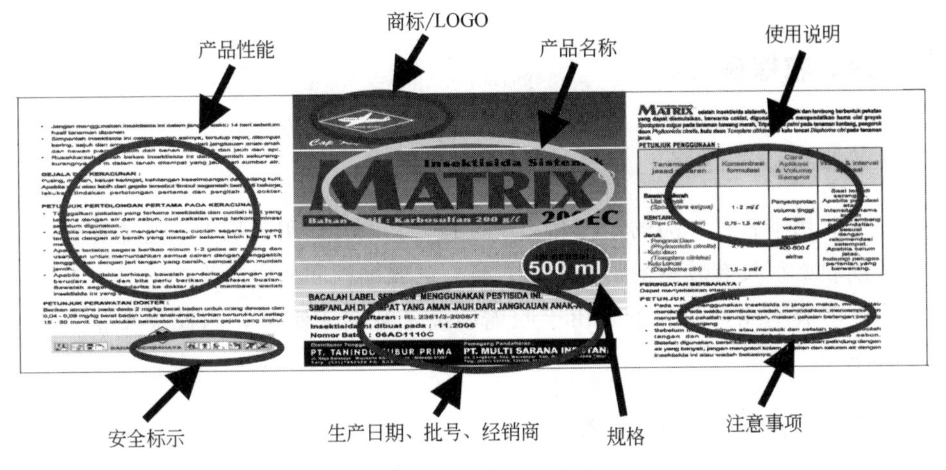

图 9-7 标签格式和内容

面板纸和瓦楞纸构成，纸箱包括下列三个构件。

① 外箱：盛装物品的材料。纸箱外印刷部分包括产品名称、含量、经销商（制造商）、专利商标®（LOGO）、规格、注意事项、危险等级等说明（图 9-8）。

② 格挡：在纸箱内用来隔离瓶子，可减少瓶子间相互摩擦和缓冲挤压作用。

③ 衬板：共两张，放置在瓶底和瓶上，可平衡和减少瓶子在运输过程中的晃动。

纸箱可分为彩印箱和水印箱两种，主要是根据客户需要选定制作。但不同的市场对纸箱外观和性能都有不同要求，有的是需要做危包证和商检证。一般危险品申报所用的纸箱同样也需要做危包证，以美国和欧盟要求最高。

纸箱唛头有严格要求，如唛头上有危险品标志，纸箱必须和所装物体一同做检验，并提供一整套安全证书，比如堆码测试、跌落测试、是否环保、是否符合联合国危险品运输安全条例等。目前我们还没有做到每一批次都做检验，但以后会是趋势（图 9-8）。

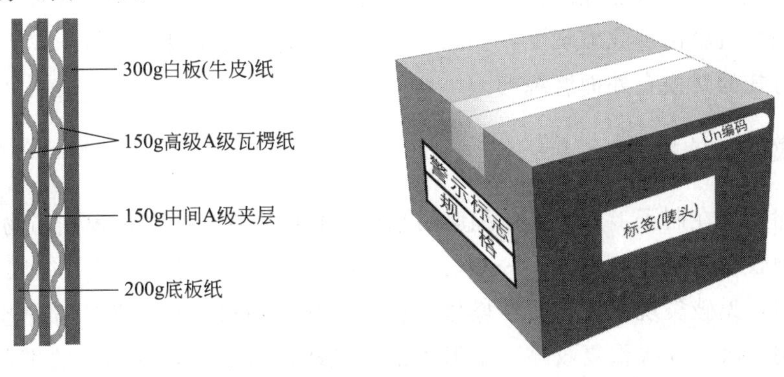

图 9-8 纸箱的结构和外观

六、收缩膜

1. 热收缩膜的定义

收缩膜用于各种产品的销售和运输过程。其主要作用是稳固、遮盖和保护产品。收缩膜必须具有较高的耐穿刺性、良好的收缩性和一定的收缩应力。在收缩过程中，薄膜不能产生孔洞。由于收缩膜经常适用于室外，因此需要加入UV抗紫外线剂。

2. 热收缩膜的分类和工艺

PE热收缩膜广泛适用于酒类、易拉罐类、矿泉水类、各种饮料类、布匹等产品的整件集合包装，该产品柔韧性好，抗撞击、抗撕裂性强，不易破损、不怕潮，收缩率大。

3. 热收缩机的特点

热收缩包装机采用远红外线辐射直接加热PVC/POP收缩膜，达到完美的收缩包装，决不影响包装物，电子无级变速，固态调压器控温，稳定可靠，可应用于食品、饮料、糖果、文化用品、五金工具、日用百货、化工用品等收缩包装。将产品套上收缩包装膜，封口后进入收缩包装机，产品将自动收缩。

4. 收缩膜与缠绕膜的区别

收缩膜是要配合热收缩机使用的，质地比较脆，热收缩机开机后对着收缩膜吹，收缩膜就会出现收缩现象，如果操作得当就会看起来很好；缠绕膜质地比较软，是打托的时候在外面缠绕的。

5. 收缩膜使用

收缩膜套在瓶子上后需经收缩膜机加热软化固定在瓶子上，根据药物本身温度来控制收缩膜机器的温度，一般控制在155～185℃之间，要求收缩膜表面平滑无皱褶，无破裂现象。在实际操作过程中，热收缩机很难将膜收缩平整光滑，普遍采用2次或3次重复收缩，不但不能使皱褶部分平滑，反而让收缩膜破裂。采用一次收缩后再利用蒸汽喷雾处理，效果非常好。

七、铝箔袋

1. 铝箔袋的结构

铝箔袋由下列三部分复合而成。

① 表面层：BOPP（Biaxially Oriented Polypropylene），即双向拉伸聚丙烯薄膜，也是印刷层面。它是将高分子聚丙烯的熔体同时或分步在垂直的两个方向（纵向、横向）上进行拉伸，并经过适当的冷却或热处理或特殊的加工制成的薄膜。主要用于印刷、制袋、作胶黏带以及与其他基材的复合，具有透明度和光泽度高、油墨和涂层附着能力优异、水蒸气和油脂阻隔力好、无静电等性能。

② 中间层：化学分子式是 Al，特点是质地非常柔软、材质轻，不易与酸碱化合物发生反应。

③ 里层：PE 材质塑料薄膜，封口强度高，对紫外线、氧气、水蒸气、味道等有优良的阻隔性能。

2. 铝箔袋制作

铝箔袋中铝箔的厚度以“丝”来计量，常用在合同要求标准之中，一丝等于 1/100mm，1 丝等于 10μm。

铝箔袋 横式(固态)　铝箔袋 横式(固态)
铝箔袋 横式(固态)　铝箔袋 横式(固态)
铝箔袋 横式(固态)　铝箔袋 横式(固态)
铝箔袋 横式(固态)　铝箔袋 横式(固态)

图 9-9　首尾尾首式铝箔袋

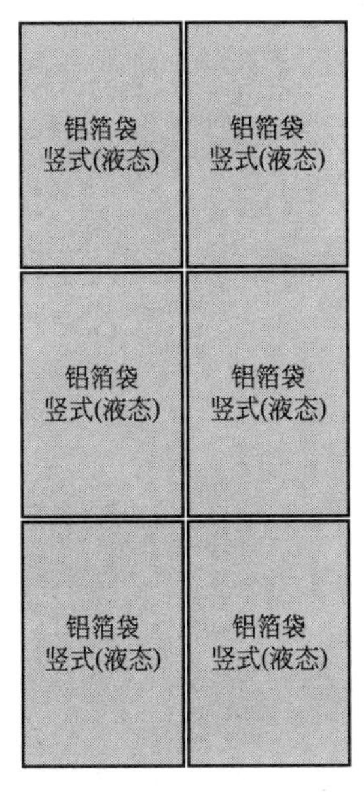

图 9-10　左右左右式铝箔袋

铝箔袋制作分两种：镀铝和全铝。凡需印刷的铝箔袋都是镀铝，全铝价格高。

铝箔袋设计：成品（三边封）用于人工包装。半成品（卷料）用于机械包装，卷料分横式进料（即首尾尾首式）（图 9-9）和竖式进料（即左右左右式）（图 9-10），在合同订制中需向工厂说明。横式通常是用来包装固体物料，竖式用来包装液体物料。

农药出口企业和从业者对农药包装的重要性都有深刻的认识，也有很多经验。本章内容主要给读者提供了相关的规章和规定，希望读者能更系统地了解农药国际贸易对产品包装的要求，并与实际工作相互印证，进而提高自己的实际工作能力。

由于目前世界各国对包装的要求不尽相同，因此在实际工作中需要与客户仔细沟通，在真正了解客户要求的基础上再行动。

参考文献

[1] FAO，Guidelines for The Packaging And Storage of Pesticides，1985.

[2] CropLife，植保产品安全加工和包装准则，1997.

[3]《农药包装通则》(GB 3796—2006)

第十章
改进药效，保证农药产品质量

正如本书前言中所述，保证所出口农药产品的质量，主要目的就是保证产品合乎国际或国家农药质量标准的要求，并保证产品应有的使用效果。影响农药药效的因素非常多。包括农药有效成分的自身特性、制剂加工情况、使用方法和技术、使用剂量、使用时机、防治对象、靶标作物、喷洒用水的水质、环境和气候因素等。由于影响因素的复杂性，所以要想保证某个具体农药产品的使用效果，则必须针对该产品的各种特性具体分析可能的影响因素，还要经过实践检验。当遇到客户抱怨产品无效或药效较差时，可以从以上这些方面进行分析原因，找出问题所在，并帮助客户解决问题。

第一节 农药自身特性对药效的影响

根据用途，农药可以分为杀虫剂、杀螨剂、杀鼠剂、杀菌剂、杀线虫剂、除草剂和生长调节剂等。各类农药均有一定的防治对象和使用范围。使用药剂必须了解药剂本身的理化性质、使用方法及其对病虫害和植物的毒性等。

同一种农药有效成分，对不同的防治对象表现出来的生物毒力或药效也不完全相同，并不能等效地防治所有（靶标）害物。如醚菌酯是一种高效、广谱、新型杀菌剂，具有内吸传导、预防、保护、治疗等多重作用，可抑制几乎所有的真菌界（子囊菌亚门、担子菌亚门、鞭毛菌亚门和半知菌亚门）病菌孢子的萌发及产生，也可控制菌丝体的生长。并且还可抑制病原孢子侵入，具有良好的保护活性，全面有效地控制蔬菜、果树、花卉等植物的各种真菌病害，如白粉病、霜霉病、黑星病、炭疽病、锈病、疫病、颖枯病、网斑病、稻瘟病等。特别是对草莓白粉病、甜瓜白粉病、黄瓜白粉病、梨黑星病有特效。再如代森锰锌虽为保护性杀菌剂，但是它也有其主要的防治靶标，它主要对蔬菜霜霉病、炭疽病、褐斑病等有效，对西红柿早疾病和马铃薯晚疫病效果理想。

根据作用方式不同，杀真菌剂主要分为保护性杀菌剂和治疗性（内吸性）杀菌剂，在使用时要求的使用时机不同。使用时机不当会导致无效或效果大减。如代森锰锌需要在发病前适当的时候使用才有效。

因此，为了保证所出口产品在客户所在地表现出优良的防效，需要给客户提供科学的使用技术指导。或者在客户提出产品药效不佳的抱怨时，要弄清楚客户将产品用在了什么样的靶标物上，以便做出合理的解释。

药剂的溶解性和溶解度大小也与药效有密切关系。脂溶性药剂易附着和透过昆虫表皮，毒杀作用快，一般触杀剂均具有脂溶性。如菊酯类杀虫剂，往往具有药效快速、防效高和广谱的特点。水溶性的药剂在肠胃中的溶解度大，毒力强，一般胃毒剂、内吸剂为水溶性。

第二节
制剂加工对药效的影响

几乎所有的农药都是经过加工成一定形态的制剂后才能使用。农药加工的目的主要有两个：一是赋予不能直接使用的原药可以直接使用的特性，即使其能够在一定的介质中（水或油）均匀分散并能被喷洒到靶作物上或其他靶标上；二是改善原药不能被靶标物直接利用的性质，使其能够对靶标物发挥应有的生物效应，从而达到控制害物的目的。

不同的农药化合物，由于其理化性质不同，有其最适宜加工的剂型，也有其不适合的剂型。因此不是每一种化合物都能加工成所有不同的剂型。

原药的纯度或杂质组成对原药的可加工性能也有很大影响。不同来源的相同原药往往在采用同样的配方进行加工时常会出现不同的结果。有些原药中的某些特定杂质不但会影响原药的可加工性能，还会影响成品的药效或者会引起药害等。还有些杂质（有时候是水）会影响原药在制剂中的化学稳定性，导致有效成分分解。不溶性杂质（或机械杂质）还可能影响农药制剂的喷洒和施用（堵塞喷头）。某些相关杂质对人畜和环境生物的危害非常严重，用于制剂加工的原药产品不应含有超标的相关杂质，以上这些都是在制剂加工中需要注意的问题。

由于不同的剂型具有不同的理化性能特点，也导致同一种农药化合物在不同的剂型中表现出不同的生物活性。单就剂型而言，一般规律是农药化合物被分散的程度越高（在一定的范围内）的剂型药效也越好。因此，一般是乳油（水剂）＞微乳剂＞烟剂＞水乳剂＞悬浮剂＞可湿性粉剂＞水分散粒剂＞粒剂。

为了充分发挥药效，除了根据原药特性选择适当剂型外，制剂中所有的助剂类型和用量对药效的影响非常大。

农药助剂的使用除了赋予产品的使用性能以外，更重要的是通过助剂的应用改进农药的药效。农药助剂的基本功能包括如下几个方面：①用于有效成分的分散，主要有分散剂、乳化剂、溶剂、稀释剂、填料和载体等；②有助于处理对象接触和吸收农药（发挥药效），主要有润湿剂、渗透剂和展着剂以及有助于发挥药效、延长和增强药效的稳定剂、控制释放助剂和增效剂等；③增进安全和方便使用的防漂移剂、药害减轻剂、消泡剂、起泡剂等。

有时为了节省成本，有些企业在加工产品时常常会选择省去某些助剂、减少助剂用量或者使用劣质助剂，这样就会导致农药产品的药效无法保证。比如某些制剂中需要添加润湿剂，目的是降低药液的表面张力，使之容易在靶标作物上润湿和展着，以提高药效。如果润湿剂的用量不足，在实际使用的稀释倍数下，润湿剂的量不能保证达到临界胶束浓度，那么药液的润湿展着性能大大下降，药效就会大打折扣。

有些产品则要求不同。比如草甘膦水剂，一般不强调润湿展着性能太好，而是要求药液能在杂草叶面保持较厚的液层并停留更长时间而不干涸，因为这样有利于草甘膦被杂草叶面吸收，从而提高除草效果。

药剂在靶作物上的沉积量是发挥药效的基本保证，所以药液表面张力并不是越低越好，而是需要适当的润湿性能以保证最高的沉积量。

在实际工作中会遇到产品理化指标没有问题，而药效很差甚至全无药效的情况，但是很难找到原因。曾有国产甲磺隆60%（质量分数）（有效成分含量和理化指标都合格）出口到俄罗斯，在马铃薯田用于杂草防除，发现几乎无效，而对照产品药效正常。

由于世界各国气候条件、土壤条件、作物品种等很多因素都有很大不同，因此在进行制剂加工时还要考虑到出口目的地的具体情况，需要在制剂中添加某些特殊的物质或助剂。例如出口到俄罗斯等寒冷地区的草甘膦水剂可能需要添加防冻剂以降低制剂的冰点。在东南亚热带雨水充沛的地区，农药制剂的抗雨水冲刷性能要好，而且还要考虑光照对产品效果的影响等。

第三节 环境因素对药效的影响

由于农药产品最终都要使用到田间，因此外界环境因素对农药药效的影响是难免的。一般地，温度、湿度、光照、降雨、风、喷药用水的水质、作物类型等都是影响农药发挥药效的环境因素。但是，对不同的产品，由于产品本身的特性不同，它对不同环境因素的敏感性也是不同的。

某些产品如氟乐灵、辛硫磷对光敏感，需要混土处理以保证其药效不受损失。除草剂草甘膦的使用效果受水质影响很大，加入硫酸铵也是为了克服硬水对药效的影响。

昆虫的活动、代谢、呼吸和取食都是在一定适宜的温度范围内进行的，并随着温度的上升而加强。杂草的吸收、输导能力随着温度的提高而加强。病害的发生、发展，需要一定的温度条件。农药的化学活性，也随着温度的提高而加强，特别是熏蒸剂农药，在高温条件下熏蒸能力强，药效一般较高，所以在适宜的温度条件下，可提高防治效果。但是某些菊酯杀虫剂是负温度系数杀虫剂，低温下反而表现出更好的杀虫效果。

土壤处理的除草剂如莠去津需要在合适的土壤湿度下才能发挥效果，土壤干旱则会大大降低药效甚至无效。土壤有机质含量也会影响土壤处理剂的药效，因此在某些地区由于土壤有机质含量较高需要提高农药的使用量来保证使用效果，如莠去津在东北地区的用量比其他地区要高。

同一种药剂使用到不同的作物上药效也可能显著不同。因为不同的作物其植株形态和叶面质地和结构影响对农药的吸收和利用，因而影响药效。所以，有时需要对同一有效成分开发出适用于不同作物的产品来，跨国公司在这方面做得比较好，而我们常常是一个产品“包打天下”，这显然是不行的。

第四节 科学使用才能保证药效

农药使用技术是决定农药药效能否正常发挥的重要因素。农药的科学使用需要协调药剂、作物、靶标生物、环境条件、施用器械以及安全（对人、有益生物和环境）等各方面的因素。

农药作用方式不同需要配合不同的使用技术或方法。杀虫剂的作用方式主要有触杀、胃毒和内吸。同一种杀虫剂可能兼具两种或多种作用方式，使用时需要考虑充分利用其作用方式使其发挥最大效用。对触杀型杀虫剂要求将药剂喷洒均匀、附着性要好、沉积量要高等。再如保护性杀菌剂需要在作物感病前使用，并要求喷洒均匀、附着性好、沉积量高。内吸性治疗剂则可以在发病初期使用，但也要求喷洒均匀。

靶标生物（防治对象）的生物学特性、生长发育时期、对药剂雾滴的捕获能力等都影响使用药剂和使用机械或使用方式的选择。

作物种类不同、生育期不同或种植环境不同也影响药剂和使用方法的选择。敏感作物或处于生育敏感期（开花、孕穗、抽穗期）的作物，一般不提倡用药，若用也需要降低剂量。

农药使用机械不同，其性能差别很大。选择施药机械时需要总和考虑到药剂、作物、靶标生物的特性。

安全使用农药是非常重要的。安全使用同样需要考虑到药剂、作物、环境、施用机械等各方面因素，最终选定一个安全的使用方案。比如克百威的吸入毒性极高，因此不能喷雾使用。而使用克百威的颗粒剂就对使用者非常安全，因为克百威的接触毒性很小。但是颗粒剂有可能对野生生物如鸟类不安全，因此美国曾经限制克百威颗粒剂的使用范围，要求远离鸟类聚集地使用。

再如新烟碱类杀虫剂，虽然是目前农业生产中应用非常广泛的杀虫剂品种，但是今年1月16日，欧洲食品安全局（EFSA）发布新烟碱类杀虫剂产品对蜜蜂的风险评估报告认为目前的使用可通过飘尘、花粉、露水等途径对蜜蜂形成急性毒害，并可能对蜜蜂种群带来不可接受的影响，因此欧盟委员会宣布从2013年12月1日起限制其在夏季禾谷类作物和蜜源作物（包括向日葵、油菜、玉米和大豆）上使用。随后欧盟委员会对吡虫啉、噻虫嗪及噻虫胺3种新烟碱类农药采取限用措施。而美国、巴西、加拿大等国家正在对3种新烟碱类杀虫剂进行常规性再登记评价，尚未做出具体限用决定。中国农药主管部门也在讨论这个问题。

可见，无论是除草剂、杀菌剂、杀虫剂还是植物生长调节剂，其使用技术都应该是由产品本身的特性（有效成分和剂型）以及作物、靶标生物和环境等各方面因素所决定的，因此，每一个产品都应该有一个非常详细的使用说明书。在说明书中针对不同的作物、靶标生物以及环境因素等组合说明如何正确选择施用机械（或使用方法）。

在发达国家，比如美国和澳大利亚，通过其标签我们就能看出他们对农药产品使用技术的要求非常细致。由于我们所生产的产品一般都是专利过期产品，其使用技术比较成熟，因此在较为发达的地区客户可能不会由于使用不当导致产品失效（当然不是绝对的）。而在发展中国家和技术落后、农民文化水平很低的国家，我们则有必要针对使用技术提供一定的指导（虽然他们也可能有使用跨国公司产品的经验）。实际工作中，确实也会遇到发展中国家客户在这方面的要求。

综上所述，为了保证出口农药产品的质量，我们必须首先下大力气保证产品符合相关国际或国家标准的要求（保证了产品的可使用性），并在此基础上在保证产品的特殊使用价值（对目标害物发挥应有的防治效果）。目前存在的问题是，还有一些产品尚不能满足第一项要求，即还不合格。不合格的产品肯定难以保证产品的药效。即使是合格的产品，也还不能完全保证其应有的药效。除去不适当的使用造成的药效不理想或无效之外，作为产品提供者，我们应该保证产品在适合的使用条件下应有的效果（或者与跨国公司的同种产品有相当的药效）。

综上所述，影响农药制剂使用效果的因素很多，有来自农药自身的因素，也有来自农药使用环境、作物、使用方式、稀释农药所用水质等其他多方面的因素。因此，为了保证产品的有效性，应综合考虑各方面的影响因素，有针对性地开发适用于不同作物和不同地区的制剂产品，而不是一个产品（配方）包打天下。只有这样，我国的农药产品才能在国际市场上立于不败之地，才能与跨国公司的产品一比高下。

至于如何具体做好产品质量管理，不同的工厂会有不同的措施。本质上讲，农药产品管理与医药、饲料或其他行业都一样，可以在ISO国际质量标准体系框架之下根据各自的实际制定出切实可行的农药产品质量管理规定并坚定地贯彻执行。

在制定质量管理措施时，建议把如下几点考虑在内：

① 针对原材料和农药制剂产品制定分析方法和质量标准。

② 对包装材料制定标准。

③ 不断检查生产设备情况，当设备影响产品质量时要坚决换掉旧设备。

④ 不断对生产过程进行检查，发现影响品质的情况发生时要及时报告。

⑤ 检查所进原料是否符合标准要求。

⑥ 检查所有批次产品的质量是否符合标准要求；合格产品可以放行销售，对不合格产品要进行返工或给予销毁。

⑦ 正确处理客户的抱怨。

⑧ 对成品物料进行质检并对包装容量进行检查。

⑨ 对成品采样进行质量分析。

附　　录

附录 1　FAO/WHO 农药原药和制剂质量管理抽样准则

来自《联合国粮农组织和世界卫生组织农药标准制订和使用手册》第一版之第二次修订本（2010）

1. 目的

本抽样程序的目的是提供足够的有代表性的样品用来测试农药的包装、物理和化学性质，确保商业流通中的农药达到最低的质量标准要求，并使得物理状态和化学组成适于安全和有效地使用。本准则不适用于企业生产、加工或包装过程的质量控制。本抽样程序用来确保在合适的地点被安全抽取的样品具有代表性，并被完好无损地送到指定地点。本程序也适用于商业和官方管理部门使用。

2. 安全警示

农药是有毒化学品，操作不当可能引起中毒。本抽样准则没有提供具体的安全说明，因此抽样员应熟知并遵从特定农药的安全警示，并且应依据标签或象形图的指示穿戴合适的防护服。一般安全警示包括以下内容：

① 小心避免农药接触皮肤和衣物、误食农药或吸入粉尘或挥发物。同样小心避免农药污染个人物品和当地周围环境。应需远离食品保存。如果条件允许，应在通风良好的环境中取样。

② 小心避免液体样品的溢出或飞溅和粉尘样品的飞扬，尤其要小心处理泄漏的包装物以及包装物开口处蓄积的农药。

③ 取样前必须准备好冲洗装置，用于紧急处理溢出的液体和采样完成后的适当清洗。

④ 在采样中、脱去防护服之前及在彻底清洗前，禁止饮食和吸烟。

⑤ 在采样前，样品贮存容器上应贴好标签，采样时要尽可能避免农药污染样品贮存容器的外侧。

⑥ 确保取样器件的安全和彻底清洁，以及安全处理被污染物，例如个人防护服、器件和纸巾等。

3. 定义

有效成分：农药制剂中具有生物活性的组分。

分析样品（analytical portion）：经过了适当的前处理和均化处理后的实验室样品，也叫测试样品（test portion）。

批次（Batch）：在认为相同的条件下生产、加工和储存的一定数量的原药或制剂。每个批次的样品需要分别采样检测。每一批次必须由生产商或加工商注明批次编号。如果产品没有统一的批次编号或者产品明显不均匀，则必须按照多个批次进行采样。如果批次量大于5000kg，则应按照多个批次进行采样。

大样（bulk sample）：同批次中采集到的原始样品的总和。

注释：样本被等分成多个（至少3份）实验室样品前必须经过充分的混合。对于原药，采集到的大样应不少于300g或300mL；对于液体制剂，应不少于600mL；对于固体制剂，应不少于1800g。根据测试要求，采样量也可增加。

当样本由小包装（例如小袋）组成，并且每个小包装量均小于每个试样所需要的分量，则应从小包装中取出所有样品充分混匀后再等分成实验室试样；或者将小包装随机地等分成实验室试样，但要求每份实验室试样至少包括3份小包装。

当该批次货物是以独立大包装的形式进行储运时，应该分别在包装的多个点采集样本。

批货物（consignment）：一次运输交付的一定量的一种或多种货物。农药的一批货物可能由一个或多个批次或某些批次的某些部分组成。

分销（distribution）：通过销售渠道将向本地或国际市场供应农药的过程。

最终用户（end user）：直接使用农药的个人或机构。

制剂（formulation）：将各有效成分和助剂组合在一起的混合物，使农药的使用更加便利、高效。

IATA（International Air Transport Association）：国际航空运输协会。

ICAO（International Civial Aviation Organization）：国际民用航空组织。

IMO（International Maritime Organization）：国际海事组织。

检查员（inspector/sampling officer）：经过适当、可靠和安全取样训练的个人。由主管部门授权其检查农药并取样监督农药的质量和包装。注释：检查员应该携带适当的身份证明文件或授权书。

标签（Label）：农药直接包装容器上或附于农药包装容器的，以文字、图形、符号说明农药内容的说明物。

实验室样品（Laboratory sample）：经过特定抽样程序得到的，被送到实验室用于测试的部分抽样样品。

注释：对于原药，试样应不少于 100g 或 100mL；对于液体制剂，应不少于 200mL；对于固体制剂，应不少于 600g。试样量根据检测具体情况可能会增加。

如果试样是由多个独立的小包装组成，条件允许时，应对这些小包装分别进行检测。在这种情况下，每个小包装都应符合标准要求。如果对结果有争议，应对试样备份样品单独进行检测。

包装（Packing）：将农药产品通过运输以及批发、零售到最终用户，所使用的容器以及保护性的外包装。

包装单元（packing unit）：装农药的独立容器和（或）里面有多个独立小包装或小容器（容量通常小于 2L 或 2kg）的农药零售包装。

初始样品（primary sample）：从某一箱或批次中的同一位置取得的一定量的样品，可以是开封的或密封的，抽样时使用或没使用抽样工具。

注释：当最终用户使用的农药制剂被包装在大于“大样”所需的量，初始样品和大样之间可能无法区分，因为相应的实验室样品是从单个容器中取得的。

当包装量小于大样所需的最小量时，从下一个较大的包装单元（比如，包括多个小包装的包装盒）随机选取需要的多个小包装（即初始样品）构成大样。

RID（Internatioanl Regulations concenring the Carriage of Dangerous Goods by Rail）：国际危险品铁路运输章程。

随机抽样（random sampling）：每个包装或物品的每个部分都有相等的被抽取机会的抽样程序。

仲裁分析（referee analysis）：经由争议双方同意后，在一个有合适经验的分析人员的中立实验室对有争议的样品进行分析。

登记证（registration certificate）：由政府负责机构发布的文件，其中阐明了农药的使用范围、操作说明、质量、标签和包装规格。

负责机构（responsible authority）：主要负责农药登记，同时负责农药的生产、销售和（或）使用管理的政府机构。

抽样助手（sampling assistant）：协助抽样人处理容器、使用抽样工具的人员。

注释：抽样助手只能在抽样人的监督下抽取样品。

抽样报告（sampling report）：抽样时由检查员填写完成并经抽样时负责被检批次产品的负责人签署的标准报告。

注：抽样报告要求至少一式 4 份，其中每个试样附一份给实验室，检查员保留一份作为他（她）自己的记录。

检测实验室（testing laboratory）：由负责机构授权，依据农药质量标准检测农药的实验室。

4. 抽样的一般原则

抽样和随后的样品分析是监控农药质量是否符合标准的最有效的办法。抽样最好能够按照统计学随机方法从每个批次的不同位置抽取，但实际上不同位置样品的可接近性和安全性限制了随机取样的实施。如果不能随机抽样，则抽取初始样品的方法必须在抽样报告的备注中加以说明。

现场检查包装的一般抽样程序：

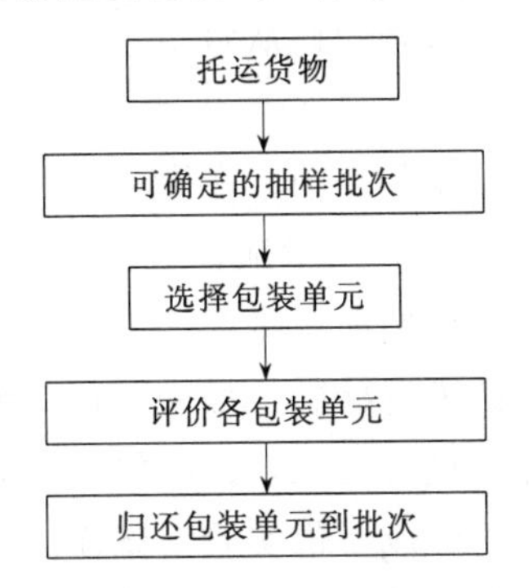

实验室检测试样抽样检验程序：

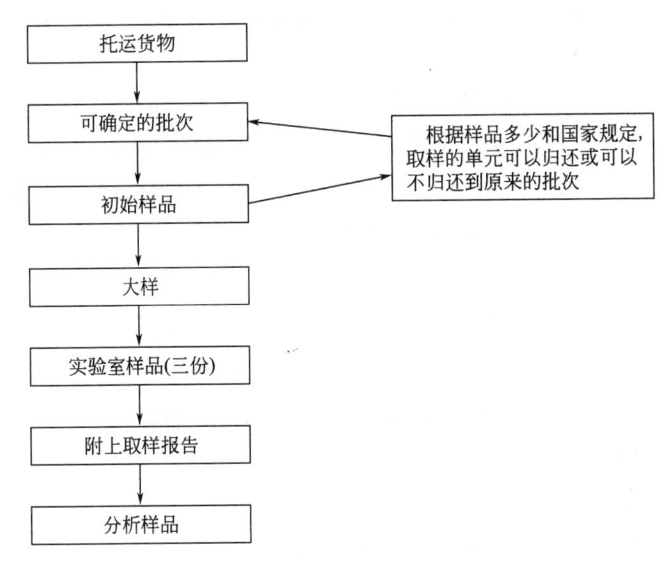

在合适的情况下，实验室样品可以从已经被选择作为现场检查的包装单位中抽取。

抽样可以在工厂到零售部门的任何一个农药环节上进行。对国家政策允许散装销售的农药，同样可能要在销售或使用地点接受质量监控。检查员在农药样品的收集和递送样品到检测实验室的过程中所起到的作用是样品检测能否成功的关键。检查员在取样程序上必须经过良好的训练。在任何情况下所采用的抽样技术必须能使实验室分析人员获得能代表所取材料的分析结果。因此检查员必须遵从确定的取样、操作和包装程序。

由于农药原药和制剂的使用目的不同，他们的取样原理也有所不同。原药是用于制剂加工的。在制剂加工过程中，原药可能被充分混匀而且其平均性质应该可以从混合后的代表某批次的样品中测得。而另一方面，每个容器内的制剂产品都应该能够满足质量标准的要求，因此从每个包装中取出的材料都应该得到单独分析。

工业品的质量，应在加工制剂之前，在原药或者制剂生产厂进行测定。

在进行制剂加工之前，原药的质量应该在原药生产厂或制剂加工厂得到检验。制剂产品的质量可以在分销之前于生产、加工和包装厂进行检验，对于进口样品则可以在中心仓库或店铺进行检验。如果可行，则可以在开始正常季节的使用之前从零售店抽取农药样品进行检验，这样便于在必要时采取纠正措施。

大样应被充分混匀然后均分成三份实验室试样。三分试样分别提供给检测实验室、由双方认同的保留仲裁样品的机构以及抽样时被指定为对被检样品负责的个人。抽样报告至少一式四份，其中每份实验室样品附带一份，最后一份交由检查员保管。

附件 1 提供一份推荐使用的抽样报告格式。在报告的备注部分检查员应注明其所观察到的信息，包括农药储藏条件是否适合，是否储存于严寒、潮湿、长期日晒或高温的环境中，是否有开封的包装，批次的外观是否均匀，散装制剂是否被独立抽样，从这一批次中取出的类似样品有多少等。

5. 抽样准备

必须使用合适、清洁的设备和容器来抽取和保存样品，以避免外界污染，确保对抽样人危害的最小化，保证检测人员能够很好地检测样品。必须使用经由测试实验室认可的瓶子，封条和取样工具。一般使用玻璃瓶、抗溶剂的塑料瓶更适合抽样。抽样准备如下。

① 收集以下信息

a. 被抽检农药的毒性和操作说明。

b. 测试要求的试样量。

c. 被抽查的农药的种类和特性以及抽取的数量和包装单位的大小。

② 适当的选择

a. 采样设备。例如 50～100mL 吸液管；三通道吸液管漏斗；虹吸手泵（可带有适用于烃类化合物的可互换的防漏管）；滴管；取样器、勺子等；样品瓶（最好使用瓶塞可密闭的玻璃瓶）；塑料袋（可密封）；塑料纸；开瓶器；足够大的可以装下原始容器中所有农药的包装物。

b. 称量范围合适的携带式天平，可牢固粘贴在样品瓶上的标签纸。

c. 使用石蜡封条或者官方印制的封条，确保样品由权威机构开启并标明抽取样品的数量（如果官方政策允许售卖重封的农药）。

d. 个人防护装置，例如：合适的手套，围裙，防尘面具，防毒面具（如有需要），安全眼镜，绵纸，急救工具，肥皂，毛巾和清洗用水。

e. 取样装置和样品容器应该便于安全携带和运输。

f. 填充物（例如，锯屑，蛭石或类似材料）应填满样品容器外的空隙。

注意：报纸、聚苯乙烯颗粒或刨花不适合作填充物。

③ 检查下列项目是否具备

a. 足够数量的取样报告单。

b. 记录和记号笔。

c. 检查员（抽样官员）的有效证明文件或授权书。

d. 抽样助手。

e. 运载抽样人员、设备和样品的交通工具。

f. 运送样品到实验室的交通工具。

④ 通知

a. 将取样日期提前通知现场负责人，以便相关负责人在采样过程中处理农药的容器。

b. 将样品的类型和数量通知负责分析样品的实验室。

注意：对于分装农药制剂销售的批发商和零售商在取样前不需通知。

6. 检查农药包装

检查农药包装质量是通过对完好的原装容器或包装的外观检测来完成。按下列规则，根据批次大小来确定随机选取的包装数量：5 件以下（包括 5 件）的取一件；6 到 100 件的取 5 件；大于 100 件的每 20 件取一件。抽取的每个包装都应符合质量标准。

注释：

① 随机选取的农药容器作为样品时，未开封的包装才是可以接受的。在容器的表面不可以有可见到的农药污染。当摇晃、翻转容器时，不可有泄漏。包装的材料和尺寸必须与登记证一致。如果包装容器变形并且会造成农药受压，或者

对农药储存、运输和使用造成不便或有储藏危害的包装不被接受。

② 永久性商标和附带文件必须清晰、易懂，并且要给出登记证上详述的信息。如果有二级包装则必须给出内容物的种类和危害。

③ 如果包装上标定毛重或者分别标定农药和容器的净重，则应该取未开封的包装称量其中的农药重量。

如果包装仅仅标定农药净重量或体积，则应该取未开封的包装称量农药连同其容器的重量，然后再测量容器的重量。如果实际情况允许，下述操作应在实验室完成；如果不合适，就需要在取样现场选择适当的替代容器，检查员要极小心地将农药转移到所选择的替代容器内。至少需要测量三个容器，应该小心将农药完全转移到替代容器中。如果给出的是净体积，则可以通过测定的密度或农药标准上给出的密度计算应该含有的净质量。将空容器的平均质量和给出的农药质量相加得到估算的毛重。比较所选择容器的测得毛重和估算的毛重，如果两者之差超过标准要求（或国家法律允许的），则通过移除内容物的办法测量净重或净体积。对于相同包装的同一类农药如果被多次测定，则第一次估算得到的毛重可以被下一批次使用。

测得的质量或体积的精确度应该等于或优于质量标准中规定的可接受的偏差的1/4。例如：如果标明的毛重是550g，允许的偏差是±2%，相当于11g。因此测量的精度应该约在±2.5g以内，或者更好（天平的分辨率应在±1g）。

④ 在取样时检查员应注意包装的整体状况，一旦有任何问题（例如变形、漏泄、缺少标签等），应对该批次中的其余包装单个检查并且舍去有问题的包装。对于有问题的包装，应该根据国家法律规定和其随后的补偿措施来具体决定其以后的用途。

7. 农药物理和化学性质测试抽样

（1）农药原药　对于包装好的农药，按以下规则抽取多个初级样品组成大样：5件以下（包括5件）包装单元，每一个包装单元中都要取一件初级样品；6～100件的，每5个包装单元取1件初级样品；大于100件的，每20个包装单元取一件初级样品。如果农药原药是以一个大包装形式储存和运输的，则应该从该包装的不同部位随机地选取15份初级样品。

大样的量应不少于300g，充分混合后分成3等份实验室样品。一份送往测试实验室，一份由农药提供者保管，最后一份在出现异议时作仲裁分析用。仲裁用的样品应该由双方都认同的机构保管。

注意：农药原药的大样和实验室样品在进一步细分前应该尽可能混合均匀。为了更容易将实验室样品均匀，液体农药应该在实验室中小心加温到不大于

40℃。不推荐在取样地点加温样本。

（2）制剂　对于可以接受的农药制剂，批次中每一个独立的包装都应符合标准。而每一份检测用的大样通常是从一个单独的包装单元得到的一个或多个初级样品。包装单元的确认和初级或样本的选取应遵从以下要求。

农药零售包装的量如果足够分成3份实验室试样（也就是每个包装液体制剂量大于或等于600mL，固体制剂大于或等于1800g），直接抽取一份包装作为大样，不需要初级样品。在打开包装分成实验室样品前要充分混匀。对于大包装的样品，如果实际情况允许，每份实验室样品应该包含各个部位（包括顶部、中部和底部）抽取的样品。

农药零售包装的量如果不够分成3份实验室试样（也就是每个包装液体制剂小于600mL，固体制剂小于1800g），则需要从一个包装单元中选取多个小包装（也就是初级样品）组成大样。大样在充分混合后，必须足够分成3份实验室样品。如果在取样时小包装的农药并没有包装成大包装，则要在批次的某一部位取得足够多的小包装作为大样。大样的小包装通常要打开充分混匀（特别注意颗粒剂和水分散粒剂），然后分成3份实验室样品。如果必要（例如农药包装也需要经实验室检测时），小包装农药应尽量保持包装完整，但要求每个实验室样品至少要取自3个小包装，且每一个小包装都应分别被分析测定。

对于大罐或货车运送的农药应该抽取3份初级样品。液体制剂每一份初级样品不少于200mL，固体制剂不小于600g。抽样要从大罐的不同深度或在卸货的初期、中间和结束时抽取样品。大样由初级样品充分混合后得到，然后分成3等份实验室样品。实验室样品一份送往测试实验室，一份由农药提供者保管，最后一份在出现异议时作仲裁分析用。仲裁用的样品应该由双方都认同的机构保管。

对于农药零售包装，如果不能确定批次样品是否均匀（举例来说，以前没有该产品方面的合格资料），则需要遵照附表1规定的数量从不同位置分别抽取大样。这些大样不可以混合，要分别鉴别和分析。如果某批次样品可以肯定是均匀的，则只需要在少量位置（最少一处）抽取样品。相对于液体制剂，固体制剂尤其是颗粒状的制剂不容易均匀，也应该按照附表1要求取样。

附表1　鉴定农药制剂的物理和化学性质时需要随机选择样本的数量

批次中的包装数量	抽取大样或初级样品时需要的包装数量
≤10	1
11～20	2
21～40	3
＞40	40个包装数量取3个；大于40的，每增加20个多取1个，最多取15个包装

抽样报告应该注明制剂的储藏条件是否合适，因为制剂需要防冻、防高温和防水。如果国家法律允许，由于取样而开封后的容器（可能是从多个容器中取样）内的农药（取样量多于净重的10%）还可以回收销售，但是必须重新封装包装并贴上正式的标签证明此农药经过抽样检验。

① 液体制剂（溶液、乳油、悬浮剂、乳剂）

对需要打开采样的农药容器采用适当的方法进行震动、滚动、翻滚或搅拌（采用能被终端用户接受的方法），在采样前使容器内的农药达到物理均匀。采样前，在可行的情况下要对容器内的液体农药进行肉眼观察，看是否有结晶、沉淀、沉降或分层等。为了观察是否有稠密的沉降，可能需要使用棒进行检查。完全或部分倒空以后，再检查容器内是否有未被重新悬浮的沉降物。

如果制剂中被分离的组分不能采用某些方法（也可以用于田间使用制剂之前）进行重新溶解或匀化，必须记录在取样报告中。

注释：这样的制剂不适合田间施用，需要单独从被分离的组分内抽取样品，作为恶劣情况的证据，随后的分析检验可以省去。对任何剩余的沉降物或分层物的量或深度都要进行估计。

对要被开启的容器内的样品都要采用适当的工具如泵或移液管收集到玻璃瓶或者其他可以密封的容器内。

② 颗粒固体制剂（粉剂、分散性粉剂、水分散粒剂、粒剂）

颗粒状固体制剂通常对霜冻不很敏感，但是通常易受高温和高湿的影响。如果农药产品被储藏在不利状态下（如没有密封的袋内），则这些产品将被视为不均匀的，大样的抽取则需要按照附表1的要求进行。

颗粒制剂（尤其是颗粒剂、水分散粒剂、可溶性颗粒剂等）在运输过程中和被转移到其他容器的过程中可能会产生不同粒径颗粒之间的分离。在抽样之始、分样成实验室样品和被分析部分的过程中都要尽最大努力获得具有代表性的样品。

可行的话，要用CIPAC的MT58.1（颗粒剂采样方法）和MT166（水分散粒剂采样方法）的方法进行固体农药产品的采样。否则，袋装产品可以通过上部角落取样。从单袋抽取初始样品时，需要用合适的汲取管（dip tube）、取样器、采样探头（sampling probe）或取样环（scoop）或综合利用这些工具进行取样，然后形成大样，大样要用玻璃瓶、塑料袋或其他可以密封的容器盛装。汲取管等取样器必须通过包装袋的开口处插入包装袋并沿对角线通过包装袋，取样装置的长度要足以达到包装袋的底部。使用长柄取样环取样时，包装袋可能需要倾斜以使初始样品能够从包装袋的顶部、中部和底部各处获得。其他类型的容器则需要用适当的方式打开，并用类似的方式取样。

从每个包装袋或其他农药包装采取的大样，应该分装分成 3 等份的实验室样品，最好采用机械分样器。如果没有机械分样器，必须通过手工分样获得实验室样品，分样时要尽力避免周围环境可能带来的污染。需注意如下几个方面来避免污染：

a. 将大样转移到一个较大的聚乙烯塑料袋，使样品装满袋子的三分之一。

b. 将塑料袋内的样品在保证安全密封的情况下颠倒至少 10 次，将袋子放置在平直平面上并将袋内样品尽力铺展开来（一般使样品层厚度约 1cm）。

c. 将铺开的样品分成 6 等份，合并每 2 个等份成一个实验室样品（如合并第一份和第四份、第二份和第五份、第三份和第六份）。

当从水溶性包装袋中采样时，必须采取含有内容物的完整包装，最好是从新打开的商业包装中取样。每个包装都不能打开但是需要尽快派送到分析实验室。

8. 样品的运输和输送

样品包装和运输过程中需要注意避免样品的溢出、泄露和变质。没有很好包装的农药样品并在运输过程中有破损的会严重威胁到运输人员和实验室分析人员的健康，在农药包装和运输中可以采取如下措施。

① 将每个清楚标明样品编号（对应于取样报告）的密封的样品包装置于塑料袋中并用胶带蜜密封。

② 用一个适当大小的塑料袋作为一个结实的约 4L 容量的容器（例如带安全密封盖的塑料或金属罐）的衬里。

③ 将塑料衬里的容器的一半空间填满吸附材料以固定样品瓶并吸附可能产生的农药样品泄露。

④ 将采样报告单独置于一个塑料袋中，密封并将其置于农药样品包装容器内，将容器内剩余空间再填上吸附材料。

⑤ 关闭包装容器并将容器盖子密封，附上标签，显示如下内容：

a. 实验室地址以及联系单位或联系人名称。

b. 农药的危害分类。

c. 用箭头标识样品的“向上”位置。

运输样品时，需要遵守 ICAO、IMO、RID 或 IATA 的相关规定。

附件　推荐的农药抽样报告格式

药店或工厂的名称和地址

农药名称：　　　　批次总量（公斤、升或件）

生产日期

现场检验

选择的包装单位数：件

容器上标明的毛重，或净重/净体积：

容器的最大和最小测得毛重：

空容器的测得毛重均值（适用时）：

估算的容器名义毛重（适用时）：

包装质量：

标签质量：

实验室分析取样

取样的包装单位数：

所取初始样品的重量和样品数（构成大样）：

参考样品的位置和负责人名称：

备注：

日期：

检查员姓名和签字　　　　药店/工厂的所有者或代表的姓名和签字

附录2　与执行《国际农药管理行为准则》有关的各种指导文件清单

1. LEGISLATION

1.1 Guidelines for legislation on the control of pesticides

2. POLICY

2.1 Guidance on pest and pesticide management policy development

3. REGISTRATION

3.1 FAO/WHO Guidelines for the registration of pesticides

3.2 FAO/WHO Guidelines on data requirements for the registration of pesticides

3.3 Guidelines on efficacy evaluation of plant protection products

3.4 Guidelines on good labelling practice for pesticides

3.5 Revised guidelines on environmental criteria for the registration of pesticides

3.6 Guidelines on the registration of biological pest control agents

4. COMPLIANCE AND ENFORCEMENT

4.1 FAO/WHO Guidelines for quality control of pesticides

4.2 Guidelines on compliance and enforcement of a pesticide regulatory programme

5. DISTRIBUTION AND SALES

5.1 FAO/WHO Guidelines on pesticide advertising

5.2 Provisional guidelines on tender procedures for the procurement of pesticides

5.3 Guidelines for retail distribution of pesticides with particular reference to storage and handling at the point of supply to users in developing countries

6. USE

6.1 Guidelines for personal protection when working with pesticides in tropical climates

6.2 Guidelines on good application practices

7. APPLICATION EQUIPMENT

7.1 Guidelines on procedures for the registration, certification and testing of new pesticide application equipment

7. 2 Guidelines on the organization of schemes for testing and certification of agricultural pesticide sprayers in use

7. 3 Guidelines on minimum requirements for agricultural pesticide application equipment

7. 4 Guidelines on organization and operation of training schemes and certification procedures for operators of pesticide application equipment

8. PREVENTION & DISPOSAL OF OBSOLETE STOCKS

8. 1 Guidelines on management options for empty containers

8. 2 Guidelines for the management of small quantities of unwanted and obsolete pesticides

8. 3 Disposal of bulk quantities of obsolete pesticides in developing countries

8. 4 Prevention of accumulation of obsolete stocks

9. POST REGISTRATION SURVEILLANCE

9. 1 Guidelines on prevention and management of pesticide resistance

9. 2 guidelines on post-registration surveillance and other activities in the field of pesticides

9. 3 FAO/WHO Guidelines on developing a reporting system for health and environmental incidents resulting from exposure to pesticides

10. MONITORING AND OBSERVANCE OF THE CODE OF CONDUCT

10. 1 Guidelines on monitoring and observance of the revised version of the code

11. FURTHER TOOLS

In addition to the Guidelines, there are specific Tools for each subject area that can be found through the FAO webpage for the technical guidelines. These include Manuals, reference material, and further technical guidance that have not been reviewed by the FAO/WHO Joint Meeting on Pesticide Management.

附录3 农药剂型名称表（英汉对照）

AB grain bait 毒谷（谷粒毒饵）
AE aerosol 气雾剂
AS aqueous solution 水溶液
BB block bait 块状毒饵
BR briquette 丸剂
CA coating agent 涂敷剂（包衣剂）
CB bait concentrate 浓毒饵
CG encapsulated granules 微囊颗粒剂
CM cream 乳膏
CR crystals 晶粒
CS capsule suspension 胶囊悬浮剂
DP dustable powder 粉剂
DS dry seed treatment 干种子处理剂
EC emulsifiable concentrate 乳油
EM emulsion 乳剂
EO water-in-oil emulsion 油乳剂
EW oil-in-water emulsion 水乳剂
FC liquid cream 液状乳膏
FD smoke tin 烟剂罐
FG fine granules 细粒剂
FP smoke cartridge 烟剂药筒
FS flowable concentrate for seed treatment 拌种用悬浮剂
FT smoke tablet 发烟片
FU fumigant 熏蒸剂
FW smoke pellets 烟剂球
GA gas 气体
GB granular bait 粒状毒饵
GE gas-generating product 发气剂
GF smoke granules 发烟粒剂
GG macrogranules 粗粒剂
GL gel 凝胶
GP flo-dust 超微粉粒
GR granules 颗粒剂
GS grease 药膏
HN hot fogging concentrate 热雾剂
IC impregnated collar 浸渍脖围
IM impregnated material 浸渍剂
IS impregnated strip 浸渍带
IW impregnated wiping cloth 浸渍抹布
KN cold fogging concentrate 冷雾剂
LA lacquer 药漆
LF liquid fumigant 液体熏蒸剂
LI liquid 液剂
LP liquid paste 流动膏剂
LS liquid seed treatment 拌种液
MC microcapsule suspension 微囊悬浮剂
MG microgranules 微粒剂
MS mist spray 弥雾剂
NB fogging concentrate 浓雾剂
OF oil-miscible flowable concentrate 可混油悬浮剂
OI oil 油剂
OL oil-miscible liquid 可混油液剂
PA paste 膏剂
PB plate bait 片状毒饵
PD poison drink 有毒饮料
PO pour-on（家畜）泼浇剂

PR plant rodler 捧剂
PS seed coated with a pesticide 拌药种子
PT pellets 丸剂
PW powder 粉剂
PY pump spray 泵激喷雾剂
RB bait（ready for use）毒饵（直接使用）
RS ready-to-use suspension 悬浮液（直接使用）
SB scrap bait 小块毒饵
SC suspension concentrate 悬浮剂
SG water-soluble granules 可溶性粒剂
SL soluble concentrate 浓可溶剂
SM solid material 固体原药
SN solution 溶液
SP water-soluble powder 可溶性粉剂
WSP water-soluble powder for seed treatment 拌种用可溶性粉剂
ST seed treatment 种子处理
SU Ultra Low Volume suspension 超低容量悬浮剂
TB tablet 片剂
TC technical material 原药
TP tracking powder 追踪粉剂
TW twin pack 双分包装
UL Ultra Low Volume liquid 超低容量液剂
VP vapour-releasing product 气化剂
WG water-dispersible granules 水分散粒剂
WP wettable powder 可湿性粉剂
WS slurry for seed treatment 拌种用可湿性粉剂
WT water-soluble tablet 可溶性片剂

附录 4　常用缩写词

ACS　American Chemical Society 美国化学会

ADI　Acceptable daily intake 每日允许摄入量

a. i.　Active ingredient 有效成分

ANSI　American National Standards Institute 美国国家标准研究所

AOAC　Association of Official Analytical Chimists 公职分析化学家协会

AOAC Methods　Official Methods of Analysis of The Association of Official Analytical Chemists 公职分析化学家协会公认分析方法

BBA　Biologische Bundesanstalt Abteilung（德国）联邦生物研究所

BCPC　British Crop Protection Council 英国作物保护协会

BS　British Standards 英国标准

BSI　British Standards Institution 英国标准研究所

C. A.　Chemical Abstracts 化学文摘

CASRN　Chemical Abstracts Services Registry Nummber 化学文摘服务登记号

CIPAC　Collaborative International Pesticides Analytical Council Limited 国际农药分析委员会

EC50　Median effective concentration 有效中浓度

ECD　Electron-capture detector 电子捕获检测器

E-ISO　ISO name（English spelling）国际标准化组织名称（用英式英语拼写）

EPA　Environmental Protection Agency（of USA）美国环保局

EPPO　European and Mediterranean Plant Protection Organisation 欧洲和地中海植物保护组织

ESA　Entomological Society of America 美国昆虫学会

EWRC　European weed Research Council（pre-1975）欧洲杂草研究会（1975 年前）

EWRS　European weed Research Society（since 1975）欧洲杂草研究会（1975 年以后）

FAO　Food and Agricutural Organisation 联合国粮农组织

FID　Flame-ionisation detector 火焰离子化检测器

F-ISO　ISO name（French spelling）国际标准化组织名称（用法语拼写）

FPD　Flame photometric detector　火焰光度检测器

FTD　Flame thermionic detector 火焰热离子检测器（氮磷检测器）
GIFAP　Groupement International des Associations Nationales de Fabricants de Products Agrochimiques 国际农药工业协会
GLC　Gas-liquid chromatography 气相色谱法（或 GC）
HPLC　High performance liquid chromatography 高效液相色谱法
IARC　International Agency for Research on Cancer 国际癌症研究所
IPCS　Internation Programme of Chemical Safety 化学品安全国际规划署
IPM　Integrated pest management　综合治理（综合防治）
I. R.　Infrared（IR）红外
ISO　International Organization for Standardization 国际标准化组织
IUPAC　International Union of Pure and Applied Chemistry 国际纯正化学和应用化学联合会
JMAF　Japanese Ministry for Agriculture，Forestry and Fisheries（formerly Japanese Ministry for Agriculture and Forestry）日本农林水产省（原日本农林省）
JMPR　Joint meeting of the FAO Panel of Experts on Pesticide Residues in Food and the Environment and the WHO Expert Group on Pesticide Residues FAO 和 WHO 农药残留专家联席会议
Kow　Distribution coefficient between n-octanol and water 在正辛醇和水之间的分配系数
LC50　Concentration required to kill 50% of test organisms 致死中浓度
LD50　Dose required to kill 50% of test organisms 致死中量
LOEC　Lowest observed effect concentration 最低可察觉的有效浓度
MATC　Maximum acceptable toxicant concentration 最大允许毒物浓度
MCD　Microcoulometric detector 微库仑检测器
NMR　Nuclear magnetic resonance 核磁共振
NOAE　No observed adverse effect level 无毒副作用剂量/水平
NOEC　No observed effect concentration 无作用浓度
NOEL　No observed effect level 无作用水平
NPD　Nitrogen-phosphorus detector 氮磷检测器
NPV　Nuclear polyhedrosis virus 核多角体病毒
p*K*a　－log10 acid dissociation constant 酸解离常数负对数
PRC　Peoples Republic of China 中华人民共和国

RH Relative humidity 相对湿度

TID Thermionic detector 热离子化检测器

TLC Thin-layer chromatography 薄层色谱

TLm Median tolerance limit 忍受极限中浓度（鱼毒）

USDA United States Department of Agriculture 美国农业部

U. V. Ultraviolet 紫外光

V. P. Vapour pressure 蒸气压

WHO World Health Organization（of the United Nations）＝OMS 世界卫生组织

WIPO World Intellectual Property Organisation 世界知识产权组织

WSSA Weed Science Society of America 美国杂草学会

附录 5 CIPAC 手册 F 卷中的 MT 清单①

MT 方法编号和名称	测 试 项 目
MT 1	Freezing point
MT 2	Melting point
MT 3	Specific gravity and density, and weight per mililitre
MT 3.1	Hydrometer method
MT 3.2	Pyknometer method
MT 3.3	Hensity of suspension concentrates
MT 3.3.1	Hydrometer method
MT 3.3.2	Density bottle method
MT 5	Material soluble in acetone
MT 5.1	Hot solution
MT 5.2	Solution at room temperature
MT 6	Material Soluble in hexane
MT 7	Material Soluble in ethanol
MT 7.1	Hot solution
MT 7.2	Solution at room temperature
MT 8	Material insoluble in kerosene
MT 9	Material soluble in water
MT 10	Material insoluble in water
MT 10.1	Hot solution of the sample
MT 10.2	Cold solution of the sample
MT 10.3	Coarse material-water insoluble
MT 10.4	Insoluble material in pesticide aqueous solutions
MT 11	Material insoluble in xylene
MT 12	Flash point
MT 12.1	Abel method
MT 12.2	Tag closed tester
MT 12.3	Pensky-Martens closed tester
MT 14	Freezing mixtures
MT 14.1	At 5±1℃

续表

MT 方法编号和名称	测 试 项 目
MT 14.2	At 10±1℃
MT 15	Suspensibility of wettable powders in water
MT 15.1	CIPAC method
MT 15.2	AID method
MT 16	Material insoluble in dichlorodifluoromethane
MT 17	Loss in weight
MT 17.1	Weight loss in an oven for 1 hour(oven drying at 60℃)
MT 17.2	Weight loss under vacuum at temperatures above room temperature(drying at 45℃,24h)
MT 17.3	Weight loss under vacuum at room temperature
MT 17.4	Weight loss at 100℃ for 4 hours
MT 18	Standard waters
MT 18.1	CIPAC standard waters A-G
MT 18.2	CIPAC standard waters H and J
MT 18.3	non-CIPAC standard waters
MT 18.4	Standard waters of required hardness
MT 18.5	Units of measurement for the hardness of water and their concersion
MT 19	Phosphate buffer solutions
MT 20	Stability of dilute emulsion
MT 21	Silica for chromatography
MT 21.1	Silica
MT 21.2	Sorbisil® M 60
MT 21.3	Florisil
MT 22	Viscosity
MT 22.1	Viscosity of transparent and opaque liquids in CGS units
MT 22.2	Redwood method
MT 22.3	Viscosity of mineral oil
MT 23	Miscibility with hydrocarbon oil
MT 24	Phosphorus(V)oxide
MT 25	Sand for germination tests
MT 26	John Innes Compost
MT 26,1	Seeding compost-with fertilizer

续表

MT方法编号和名称	测 试 项 目
MT 26.2	Seeding compost-without fertilizer
MT 27	Material insoluble in Acetone
MT 28	Dimedone derivative
MT 29	Sulphated ash
MT 30	Water(determination)
MT 30.1	Karl Fischer method
MT 30.2	Dean and Stark method
MT 30.3	Free water-'speedy' method
MT 30.4	Water in acetone solutions
MT 31	Free acidity or alkalinity
MT 31.1	Methyl red indicator method (technical material, wettable and dustable powders)
MT 31.2	Electrometric procedure(technical material, wettable and dustable powders, emulsifiable concentrate)
MT 31.3	Acidity of petroleum products
MT 32	Determination of Conductivity
MT 33	Tap density(of powders)
MT 34	Dustability test after tropical storage(accelerated storage)
MT 35	Oil insoluble material
MT 36	Emulsion characteristics of emulsifiable concentrates
MT 36.1	Five per cent *V*/*V* oil phase(hand shaking and machine shaking)
MT 36.2	One per cent *V*/*V* oil phase
MT 37	Isolation of active ing redient
MT 37.1	Extraction with acetone
MT 37.2	Extraction with light petroleum
MT 37.3	Removal of solvents by distillation
MT 38	Organic chlorine
MT 38.1	Potassium-xylene method
MT 38.2	Stepanov method
MT 38.3	Oxygen flask method
MT 39	Stability of liquid formulations at 0℃
MT 39.1	Emulsifiable concentrates and solutions
MT 39.2	Aqueous solutions

续表

MT 方法编号和名称	测 试 项 目
MT 40	Water content and suspended solids in technical easters of phenoxyalkanoic acids
MT 40.1	Water content
MT 40.2	Suspended solids
MT 41	Dilution stability of herbicide aqueous solutions
MT 42	Particle size of copper and sulphur products
MT 42.1	Formulations without carriers
MT 42.2	Formulations containing carriers
MT 43	Particle size distribution of a DDT wettable powders
MT 44	Flow number
MT 45	Removal of dyes
MT 46	Accelerated storage procedure
MT 46.1	General methods
MT 46.2	AID method(special methods)
MT 47	Persistent foaming
MT 47.1	Persistent foam
MT 47.2	Determination of the foaming of suspension concentrates
MT 48	Stability of tar oil products
MT 48.1	Undiluted miscible type
MT 48.2	Stock emulsion type
MT 49	Stability of tar and petroleum products-diluted
MT 49.1	Tar-oils-miscible and stock emulsion types
MT 49.2	Petroleum oil-miscible type
MT 50	Alumina
MT 51	Stability of undiluted tar-petroleum and petroleum oil products
MT 52	Stability of diluted petroleum-tar and petroleum oil products
MT 53	Wettability
MT 53.1	Wetting time of a standard type
MT 53.2	Wetting of leaf surfaces
MT 53.3	Wetting of wettable powders
MT 54	Stability of undiluted petroleum oil formulations, including those containing DNOC and tar products

续表

MT 方法编号和名称	测 试 项 目
MT 55	Stability of aqueous dilutions of petroleum oil formulations, including those containing DNOC and tar products
MT 55.1	Petroleum oil and tar products
MT 55.2	Petroleum oil formulations, including those containing DNOC
MT 55.3	Petroleum oils for orchard use
MT 55.4	Petroleum oils for glasshouse use
MT 56	Volatility of neutral oil
MT 56.1	Preliminary examination
MT 56.2	Full method
MT 57	Unsulphonated residue of neutral oil
MT 58	Dust content and apparent density of granular pesticide formulations
MT 58.1	Sampling
MT 58.2	Preparation of the sample
MT 58.3	Sieve analysis
MT 58.4	Apparent density after compaction without pressure
MT 59	Sieve analysis
MT 59.1	Dry sieving-dusts
MT 59.2	Dry sieving-granular products
MT 59.3	Wet sieving
MT 59.4	Sieve test for granular material
MT 60	Solubility of the alkali metal salts of phenoxyalkanoic acid herbicides and their solid formulations
MT 64	Distillation range of neutral oil
MT 64.1	HCH and lindane, dried residues, or technical materials
MT 64.2	HCH or lindane dusts and dispersible powders
MT 64.4	DDT residues of technical material
MT 64.3	HCH or lindane emulsifiable concentrates and solutions
MT 64.5	DDT dusts and dispersible powders
MT 64.6	DDT emulsifiable concentrates and solutions
MT 65	Organic chlorine in pesticides in aqueous emulsions
MT 66	Free acidity of phenoxyalkanoic esters
MT 67	Fat extraction apparatus

续表

MT 方法编号和名称	测 试 项 目
MT 68	Total chlorides
MT 68.1	Chlorides in phenoxyalkanoic acids
MT 69	Free phenols in phenoxyalkanoic herbicides
MT 69.1	2,4-D
MT 69.2	MCPA
MT 69.3	2,4-DB
MT 69.4	Dichlorprop
MT 69.5	MCPB
MT 69.6	Mecoprop
MT 70	Solubility in sodium hydroxide
MT 71.1	Phenoxy-alkanoic herbicides
MT 71.2	Cresols
MT 71.3	Bromoxynil and ioxynil
MT 73	Hardness of water
MT 74	Neutrality
MT 75	Determination of pH values
MT 75.1	General method
MT 75.2	pH of aqueous dispersions
MT 76	Solubility in aqueous triethanolamine
MT 77	Determination of 1-Chloro-2,3-epoxyethane
MT 78	Hydrogen sulphide and thiols
MT 79	Acid wash
MT 80	Residue on evaporation
MT 80.1	Low boiling products
MT 80.2	Cresols
MT 81	Soluble alkalinity
MT 82	Soluble chlorides
MT 83	Seed adhesion test for powders for seed treatment
MT 83.1	Cereal seeds
MT 83.2	Pea seeds
MT 84	Ignition tests
MT 84.1	Assessment of spontaneous ignition potential of dithiocarbamates

续表

MT 方法编号和名称	测试项目
MT 86	Kieselguhr
MT 86. 1	For GLC
MT 86. 2	For partition chromatography
MT 87	Materials soluble in chloroform
MT 87. 2	Hot solutions
MT 87. 2	Cold solutions
MT 90	Toluene solubles
MT 92	Determination of lead
MT 92. 1	Dithizone general method
MT 92. 2	Dithizone alternative method
MT 93	Determination of manganese
MT 93. 1	Bismuthate method
MT 93. 2	EDTA method
MT 94	Determination of zinc
MT 94. 1	Zinc in dithiocarbamates
MT 95	Determination of Iron
MT 95. 1	Total iron
MT 95. 2	Divalent iron
MT 97	Separation and identification of herbicides
MT 98	Water-soluble copper
MT 98. 1	Colorimetric method
MT 98. 2	Atomic absorption spectrophotometric method
MT 99	Determination of Arsenic
MT 100	Total chlorides
MT 100. 1	In mercurials
MT 101	Heptane-insoluble material in aldrin
MT 104	Identification of mercurial compounds
MT 105	Preparation of nitron complexes of o compoundsnitr
MT 105. 1	Technical compounds
MT 105. 2	Esters
MT 107	Ammonia-ammonium chloride buffer solution-pH 10

续表

MT 方法编号和名称	测 试 项 目
MT 108	Dinitro compounds-solubility of salts and material insoluble in alkali
MT 108.1	Ammonium salt
MT 108.2	Sodium salt
MT 109	Acid content of dinitro compounds
MT 110	Mercurial impurities in technical and formulated mercurials
MT 113	Silanization of gas chromatographic columns
MT 113.1	Off column
MT 113.2	On column
MT 114	Corrections for interfering peaks
MT 116	Mercury(Ⅱ)salts-characteristic reactions
MT 117	Tests for chlorides
MT 118	Tests for iodides
MT 120	Tests for phosphates
MT 121	Tests for silicates
MT 126	Extractable acids
MT 127	Melting point of extractable acids
MT 129	Gas chromatography of phenoxyalkanoic acids and other herbicides
MT 130	Colormetric tests for identifying certain alkylenebis(dithiocarbamates)in technical material and formukated products.
MT 133	Determination of nitrophenols-titanium(Ⅲ)chloride method
MT 134	Preparation of 2-pyridylamine(2-Aminopyridine)complexes of nitro compounds
MT 137	Identification of urea herbicides
MT 139	Pour point of mineral oil
MT 141	Determination of free amines in urea herbicides
MT 142	Detection and identification of impurities in substituted phenylurea herbicides
MT 145	Active ingredients containing phosphorus
MT 146	Oil content of emulsifiable concentrates
MT 147	Retention test for seed treatment powders used on cereal seeds
MT 148	Pourability of suspension concentrates
MT 149	Packing of columns for gaschromatography
MT 145	Determination of TCDD in 2,4,5-T and 2,3,7,8-tetrachlorodibenzo-p-dioxin
MT 151.1	TCDD in 2,4,5-T technical

续表

MT 方法编号和名称	测 试 项 目
MT 151.2	TCDD in 2,4,5-T technical esters
MT 152	Identification of amines
MT 153	Qualitative procedure for confirmation of the presence of a dithiocarbamate or thiuram disulphide
MT 154	Identification of dithiocarbamate anions
MT 155	Analytical HPLC method for determination of phenolic impurities in phenoxyalkanoic herbicides
MT 157	Water solubility
MT 157.1	Preliminary test
MT 157.2	Column elution method
MT 157.3	Flask method
MT 158	Determination of mercury on treated seeds
MT 159	Pour and tap bulk density of granular materials
MT 160	Spontaneity of dispersion of suspension concentrates
MT 161	Suspensibility of aqueous suspension concentrates
MT 162	Determination in ethylenethiourea(ETU)(imidazolidine-2-thione)
MT 163	Identity tests for permethrin,cypermethrin and fenvalerate
MT 164	Identity tests for pirimicarb, bupirimate, ethirimol, pirimiphos-ethyl and pirimiphos-methyl
MT 165	Ultraviolet absorption test for evaluation of ethylenebis(dithiocarbamate)
MT 166	Sampling of water dispersible granules
MT 167	Wet sieving after dispersion of water dispersible granules
MT 168	Determination of the suspension stability of water dispersible granules
MT 168.1	Standard method
MT 168.2	Method with dry substance jolting volumeter
MT 169	Tap density of water dispersible granules
MT 170	Dry sieve analysis of water dispersible granules
MT 171	Dustiness of granular products
MT 171.1	Gravimetric method
MT 171.2	Optical method
MT 172	Flowability of water dispersible granules after heat test under pressure
MT 173	Colorimetric method for determination of the stability of dilute emulsion

续表

MT 方法编号和名称	测 试 项 目
MT 174	Dispersibility of water dispersible granules
MT 175	Determination of seed-to-seed uniformity of distribution for liquid seed-treament formulations
MT 176	Dissolution rate of water-soluble bags
MT 177	Suspensibility of water dispersible powders(simplified CIPAC method)
MT 178	Attrition resistance of granules
MT 179	Dissolution degree and solution stability
MT 180	Dispersion stability of suspo-emulsions
MT 181	Solubility in organic solvents
MT 182	Wet sieving using recycled water
MT 183	The use of the agrochemical emulsion tester(AET) for the determination of the stability of dilute emulsions
MT 184	Suspensibility of formulations forming suspensions on dilution with water
MT 185	Wet sieve test
MT 186	Bulk density
MT 187	Particle size analysis by laser diffraction
MT 188	Determination of free parathion-methyl in CS formulations
MT 189	Determination of free lambda-cyhalothrin in CS formulations
MT 190	Determination of release properties of lambda-cyhalothrin CS formulations
MT 191	Acidity or alkalinity of formulations
MT 192	Viscosity of liquids by rotational viscometry
MT 193	Friability of tablets

① 为便于查寻和使用，此表未做翻译。